JN274479

写真と図解で楽しむ

線路観察学

石本祐吉

アグネ技術センター

口絵1　ジャカルタ市内の線路
揃いのまくらぎ　電車はこない　線路はみんなの　歩く道．（ちなみに列車は右側通行なので，これは対面交通である）

口絵2　線路の点検
2本のレールの水平度，間隔などを測定，記録する．（京王電鉄　笹塚駅で）

口絵3　3線軌道のあと
右側の線路は箱根登山鉄道の車両が工場に出入りするので3線のままだが，小田急車しか走らなくなった左側の線路は第3のレールを撤去した．PCまくらぎはそのまま残っている．（箱根登山鉄道　入生田駅で）

口絵4　曲線部の木まくらぎ
2本のレールの内側に見えるのは「脱線防止レール」だ．木まくらぎだとこういうものを敷設するのも簡単である．（JR久留里線　平山付近）

口絵5　木まくらぎと鉄まくらぎ
鉄まくらぎは日本ではJR貨物の線路に比較的よく見られる．軌道回路の関係だろう．
(四日市臨港線，まくらぎは1995年新日鉄製．)

口絵6　電車同士の平面交差
踏み切り待ちの路面電車．現在わが国ではここだけで見られる珍風景である．(伊予鉄道　大手町駅)

口絵7　ダイヤモンドクロッシングとダブルスリップ
4本の線路いずれからも他の線路に入れる線路構造だが，それだけに可動部分も多く複雑である．
(ジャカルタ市内で)

口絵8　線路の雑草
雑草のたくましさを遺憾なく発揮している．(JR総武線　津田沼駅)

はじめに

　筆者が『金属』誌の連載をまとめてアグネ技術センターから『鉄のほそ道』を上梓したのは 1996 年 10 月のことであった．その後入った話題を加え，2 年後に『増補版・鉄のほそ道』としてまとめ直してからもすでに数年が経つ．

　今回，これらの姉妹篇としてさらなる線路の話題を集め，新たな 1 冊とすることになった．電気車研究会の雑誌『鉄道ピクトリアル』に 1 年ほど連載した「線路観察学」の大部分と，『金属』誌に短期連載した「線路脇の散歩道」とに，若干の書き下ろしを加えて整理したのが本書である．特に今回は，線路を構成する主役であるレール，分岐器，PC まくらぎについてそれぞれの製造工場を，また貨物駅や製鉄所などの特殊な線路の現場を取材させていただいたことが，大きな特色である．

　鉄道趣味の対象となるハードのうち車両以外のものの代表である線路を観察する，というのが『鉄のほそ道』以来一貫するテーマである．毎度申しあげるとおり，筆者は鉄道会社に身を置いたこともなく，専門の学者でもない．本書はあくまでマニアとしての観察と，参考書の記載とに基づいていることをあらためてお断りしておく．

　なお，本書を手に取られた方々の中には『鉄のほそ道』をお読みになっていない方もあろうかと思われるので，若干重複を承知で説明した部分があることをご了解いただきたい．逆に，本書では線路の中の特定の話題しか取り上げていないので，もう少し広い視野で線路を眺めたいという方は，ぜひ『増補版・鉄のほそ道』をご一読願いたい．出版元にはまだ若干の残部もあるようだし，全国各地の図書館にもかなり入っているので，少なくともここ当分はご希望に沿える筈である．

目　　次

はじめに………………………………………………………………… i

1 章　線路の構造 ……………………………………………………… 1

鉄道線路　2／線路の構造　4／道床のない線路　6／砂利が先かまくらぎが先か　8／締結装置　8／パンドロール形締結装置　12／線路の保守　14／昼間の保線作業　16／噴泥現象　18／路面電車の線路　20／道床もまくらぎもない線路　21

2 章　まくらぎを観察する …………………………………………… 25

まくらぎの種類　26／PC まくらぎ概論　26／PC まくらぎを観察する　30／木まくらぎを探そう　38／PC まくらぎのメーカー探し　42

3 章　レールの継ぎ目 ………………………………………………… 43

阿房列車の車輪の音　44／継ぎ目のレーゾン・デートル　46／継ぎ目板　48／異形継ぎ目板　50／断面の異なるレールの接続　52／ロングレールの普及　54／ロングレールの限界　56／レールの溶接　60／テルミット溶接の実例　62

4章　分　岐　器 …………………………………………67
　　分岐器の問題点　68／分岐側と直線側　70／分岐器の向き　72／クロッシング角　72／定位と反位　74／構造から見た分岐器の弱点部分　74／もうひとつのクロッシング　76／可動部分の多い分岐器　80／可動レールの温度伸縮　80／軌間線欠線部　82／問題点をなくす構造上の試み　84／分岐器の変わり種　90／理想の分岐器　96

5章　転 換 装 置 …………………………………………97
　　分岐器と転轍器　98／転換装置の特徴　99／転換装置のいろいろ　101／1）手動式転換装置　101／2）電気式転換装置　126／3）電空式転換装置　134

6章　PCまくらぎの製造現場 ……………………………141
　　製造現場を訪ねる　興和コンクリート㈱静岡工場　142
　　プレテンション式PCまくらぎの製造　145／ポストテンション式PCまくらぎの製造　148／出荷のトラック　152

7章　鉄道レールの製造現場 ……………………………………… 153
　　わが国のレール製造の歴史　154／レールの製造方法　155
　　製造現場を訪ねる　JFEスチール㈱西日本製鉄所　157
　　世界一の製鉄所　157／レールの種類　158／レールの圧延工程
　　159／精整工程と検査　162／レールの出荷　164／導電レール
　　について　166／レールの輸出と日本製レールの品質　167

8章　分岐器の製造現場 …………………………………………… 169
　　製造現場を訪ねる　大和軌道製造㈱　170
　　分岐器の製造現場　170／分岐器観察の壺　171／ポイントの
　　見どころ　171／クロッシングの見どころ　174／NEWクロッ
　　シングの登場　174／ガードの見どころ　178／分岐器の組み
　　立て　180／主な製造設備　183

9章　JR貨物・塩浜駅 ……………………………………………… 187
　　分岐器の遠隔制御　188
　　鉄道の現場を訪ねる　JR貨物　塩浜駅　190
　　塩浜駅を訪ねる　190／定位と反位　192／進路の設定　194／
　　遠方の分岐器の操作　198／列車の発着　198

10章　製鉄所の鉄道 … 201

　一貫製鉄所　202

　鉄道の現場を訪ねる　福山製鉄所　203

　　福山の構内鉄道の特徴　203／路線の概要　205／専用鉄道線　205／構内鉄道線　207／機関庫　211／機関車　212／中央指令室　214／福山製鉄所の見学　215

11章　続・製鉄所の鉄道 … 217

　ゲージのいろいろ　218

　鉄道の現場を訪ねる　京浜製鉄所扇島地区　220

　　わが国にもあった超広軌鉄道　220／溶銑輸送と鋼片輸送　222／扇島の機関車　223／その他の車両　225／軌道と運転　228／機関庫　231／付記　232

留　置　線

　柳条湖事件の怪　24／弾性まくらぎと弾性締結　40／レールボンド　66／線路の鉄粉　71／鉄道草　100／線路と雑草　168／工業規格と特許　177／鉄と鋼　216

おわりに……………………………………………………233
参考文献……………………………………………………234
索　引………………………………………………………236

1章　線路の構造

タイタンパによる道床のつき固め

鉄道線路

　日本工業規格（JIS）の定義によると,「線路」とは,
　　「列車または車両を走らせるための通路であって,軌道およびこれを支持するために必要な路盤,構造物を包含する地帯.（特に紛らわしいときには「鉄道線路」とする.）」
ということである.「地帯」なのである.そして,「路盤」は,
　　「軌道を支えるための構造物.土路盤やコンクリート路盤などがある.」
とあり,さらに,「施工基面」として,
　　「路盤の高さの基準面[*1].」
という定義がある（以上,JIS E 1001,鉄道－線路用語）.
　例えば,新しい線路が建設されているようなとき,まだレールも枕木も置かれず道床の砂利も敷かれていないが,土がきれいにならされていればこれが路盤で,その上面を施工基面というのである.レールが敷かれて見えなくなっていても,基準高さとしての施工基面は厳としてその下に存在している.
　なお,橋梁なども「軌道を支えるための構造物」ではあるが,上記の定義のニュアンスからすると路盤には入らず,線路の定義の「路盤,構造物」として路盤と並列に書かれている「構造物」の方で,「土路盤やコンクリート路盤などがある.」と例示された方の構造物ではないようだ.
　さてその路盤であるが,レールが敷かれていない路盤は,一見未舗装の道路に似ている.鉄道が廃止されてレールが撤去されたいわゆる「廃線跡」も,路盤そのものが残っている状態といえる.実際廃線跡がそのまま道路になった例は多い.しかし路盤と道路とは,似ているようで異なり,廃線跡は雰囲気でそれとわかる場合が多い.
　路盤は,鉄道車両が通行する関係上,道路と比較すると
　　1）急勾配がない
　　2）細かいアップダウンを少なくして,大きな勾配にまとめてある
　　3）急激に曲がらない
　　4）曲線を少なくして直線部分を多くとっている
などの特徴がある.

[*1) 一方,車両や駅のプラットホーム,架線などの高さは「レール上面」が基準である.

線路は原則として両方向に車両が運転されるため，直線であること，水平であることが理想であり，できるだけこれに近づけるようにルートが選定される．

ロシアのモスクワ～サンクト・ペテルブルグ間は，世界屈指の長い直線区間として知られている．この両都市間に鉄道建設が決まったとき，皇帝が地図を広げて定規をあて，直線を引いて「このとおりに線路を引くように」といったという話は，帝政ロシア皇帝の威風を示すエピソードとして有名だが，このときたまたま皇帝の指が定規からはみだしていて，そこだけ直線がやや曲ったので，線路はそのとおりに建設されたという．

しかし，見渡す限り遮るものとてないロシアやオーストラリアならこのようなことも可能だが，山あり谷ありのわが日本ではそうはいかない．何でも 2025 年開業を目指して建設が決まった JR 東海のリニア新幹線は，東京～名古屋間をほとんどトンネルで，ほぼ直線のルートで計画されるというが，これはあくまで例外である．

一般の鉄道では，ルートが決定されると，これに従って路盤を構築するが，施行前の天然の地形が細長い帯状に水平でまっすぐ，ということはほとんどないから，切土（切取りともいう），盛土などの土工（土を扱う作業の総称）が必要である．切土は高い部分や斜面などを削り，盛土は逆に土を盛り上げる．切土の方は固い地層が露出すれば問題ないが，盛土はどうしても柔らかく，時間と共に表面が沈下するから，あらかじめローラなどで転圧する必要がある．

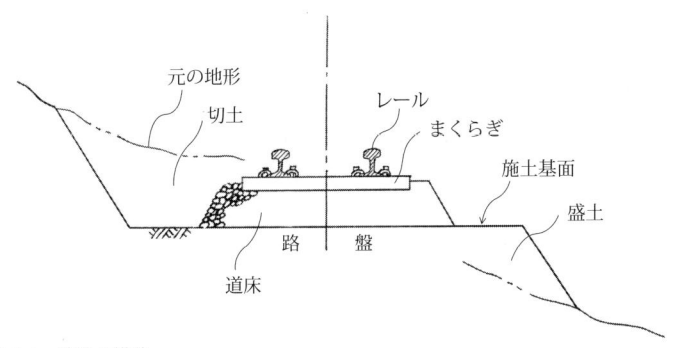

図 1-1　線路の構造
施工基面から上の道床，まくらぎ，レールなどが「軌道」で，「軌道」と「路盤」を合わせたものが「線路」である．

東海道新幹線が建設されたとき，踏切を作らず，道路とはすべて立体交差とした．自然，盛土区間が多くなる．そのひとつ，京都〜新大阪間の山崎付近では隣接する阪急電鉄京都線ともども高架化することになり，新幹線の盛土を施行したあと，地上を走っていた阪急電車にしばらくこの上を走ってもらって，その間に阪急の線路を嵩上げした．阪急にすれば立体化工事のための仮線用地を手当てしなくてすんだのだし，新幹線の方でも阪急電車が毎日走って盛土を転圧してくれたのだから，双方に好都合な話であった．

　なお，東海道新幹線でも特に雪の多い米原，関が原付近が盛土なのは致命的で，積雪の際，水をかけて雪を流したいのだが路盤がゆるむのでかけられず，徐行運転を余儀なくされている．後に建設された東北，上越新幹線は極力盛土を避け，コンクリートの高架橋としてこの弱点をなくしている．

　ところで，2つの直線区間の間にカーブがあるとすると，両側の直線を延長した位置に交点が存在する．聞いた話だが，この交点にトランシットを立てて両側の直線を見ようとしたら，何とその位置は沿線の病院の診察室の中だったという．交点は必ずしも線路用地上ではなく，むしろその外側の可能性が大きいから，時にはそのようなこともあるだろう．

線路の構造

　線路は，施工基面の上に「バラスト」と呼ばれる砂利を敷き，まくらぎを並べ，これにレールを取り付けて構成されている．バラスト部分を正式には「道床」という．

　線路は，よく言われるように[*2]，まことに不思議な構造物である．道床の中に埋まっているだけで，一般の機器類のように基礎ボルト等で大地に対して固定されているわけではない．それでいて高速で通過する列車や重い列車をしっかりと支持し，途上国などの手入れのほとんどなされない危なげな線路でも，速度さえ注意すれば滅多なことでは脱線事故は起きない．

---

*2) 例えば，西野保行『鉄道線路のはなし（交通ブックス103）』成山堂書店，1994年，第9章

写真 1-1　阪急電車から見た東海道新幹線
(水無瀬付近, 1981 年 2 月)

写真 1-2　フィリピン国鉄の線路
線路脇はスラム街となって, 住民が勝手に「自家用車」を走らせ, 子供は通過する列車には敵意を見せる. 保線作業など思いもよらない. 1990 年の撮影だが, 現在はこの場所は廃線になっているそうだ.（マニラ市内）

道床のない線路

　線路は，原則として路盤の上に道床があり，これにまくらぎが敷かれ，レールが取り付けられているのが一般的構造なのだが，場所によっては道床のない部分がある．トンネルや橋梁などである．トンネルではときに直結軌道といって場所打ちのコンクリートに直接まくらぎを埋め込み，レールを取り付けることがある．「場所打ち」とは土木用語で，構築する現場に直接コンクリート（生コン）を流し込んで硬化させるコンクリートのことである．埋め込むのが木製のまくらぎであれば腐食の可能性があり，かつ腐食した場合の交換も可能だが，コンクリート部分に亀裂が生じたような場合の補修はやっかいである．

　これと似たものにスラブ軌道がある．これはコンクリートの路盤の上に，プレファブの，つまり予め工場で製造したコンクリートスラブを敷き，レールをこれに締結する軌道構造である．板状のコンクリートスラブが道床なのであり，道床がないわけではない．砂利道床と違って保守に手間がほとんどかからないので，最近の新しい線路にはよく採用される．雪が積もってもいくらでも水をかけられるから，東北，上越などの北国の新幹線はほとんど全区間がスラブ軌道である．

　一方橋梁では，古来，鋼製の桁にまくらぎを直接取り付ける直結方式がむしろ普通である．中にはまくらぎもなく，鋼製の桁に直接レールを取り付ける例すら見られる．列車に乗っていて鉄橋にさしかかると，ゴーッという音で目をつぶっていてもわかるものだが，これは緩衝材である道床がなくなることで音響が変わるからである．最近，橋梁部分にもコンクリート床板を敷設し，砂利道床を設ける例が見られようになったが，この場合は走行音はほとんど変わらない．これは，建設費はかさむけれども環境への配慮を優先させたケースと思われる．

　これらの直結，あるいはスラブ軌道では，支持部分に弾性がないから，まくらぎの下部，あるいはスラブの下などに防振ゴムを挿入して少しでも乗り心地をよくし，騒音を抑制する必要がある．

写真 1-3
直埋め短まくらぎ
（短い橋梁部，広島電鉄）

写真 1-4
スラブ軌道

写真 1-5
橋梁（直まくらぎ）

写真 1-6
橋梁（まくらぎなし）
鋼製桁に直接ファスナが取り付けられている．

砂利が先かまくらぎが先か

ところで，新しく線路を建設するとき，路盤が完成したら，つぎに砂利を敷くのか，まくらぎを並べるのか，どちらだろう．

聞いてみたわけではないが，実際に観察していると，両方のケースが存在する．砂利を敷いてからまくらぎを上に並べ，レールを取り付けるのはごく自然の手順と思われるが，中には砂利のない状態のまま，まくらぎとレールを敷設しているケースもある．

いずれにしても，まくらぎは最終的には単に砂利の上に載っているのではなく，下面に所定厚さ，しかも所定の密度で道床がなければならないし，まくらぎの側面にも砂利があって水平移動に抵抗しなければならないから，線路の形ができ上がった段階で十分な「つき固め」をする必要があるので，順序などはどうでもよいのだろうと思われる．

締結装置

ファスナ(fastener)という．古来一般的だったのは「犬釘(JIS では「犬くぎ」)」である．これは頭の楕円形の部分が一方向にはみだした釘で，英語の dog nail の直訳である．昔のものは頭の部分が犬に似ていたというが，よほどの犬好きの人の見立てであろう[*3]．スパイク (spike，現場用語では「スパイキ」)ともいう．新しい路線などの開通式を行うとき，金めっきした最後の犬釘を来賓がまくらぎに打ち込んで「路線が完成する」という儀式が行われることがある．これが「ゴールデン・スパイク」である．

犬釘は，レールをはさんで対角線状に1ヵ所2本，釘を打つのと同様にまくらぎに打ち込むのだが，大きいからハンマを大きく振り下ろしてその頭を叩く．打撃力が正しく釘の中心に伝わらないと，釘が跳ねて思わぬ方へ飛ぶから危険である．何回か打撃して，最後に釘の頭がレールをしっかりとくわえると，打ったときの音が変わるのですぐわかる．

犬釘は手軽でよいが，ゆるみやすいのが欠点である．図 1-2 に示す

---

*3) 人間には「犬好き」と「猫好き」とがいる．線路脇のせまい通路を日本では「犬走り」と呼ぶが，英語では cat walk という．

写真 1-7
有道床橋梁
砂利道床を設けた新しい橋梁.

写真 1-8
まくらぎが先に敷かれている例
京成本線の船橋駅付近立体化工事で.

写真 1-9
バラストが先に敷かれている例
インドネシア国鉄のジャカルタ市内線立体化工事で.

ように，一時的に大きな横圧などが作用するとレールが倒れ，持ち上げられた側の犬釘が引き抜かれる．抜けた分は，点検で発見して打ち込む以外，自然に元に戻ることはないから，放置すれば脱線の原因となる．

なお，水平荷重だけでも，列車の通過するごとにこれが作用していると，木製まくらぎの表面がレールによって叩かれ，レールの底部の幅のくぼみができ，沈下して，犬釘がゆるんだのと同じ結果になる．これを多少でも防止しようとして考えられたのが「タイプレート」という板状の鋼材（鍛造品）である．まくらぎとレールとの間にこれを挿入すると，レールから伝達される荷重をタイプレートの分だけ広い面積で受けられるので抵抗力が増大する．

打ち込み式の犬釘に対して，まくらぎへの固定力をより大きくして抜けにくくしたのがねじ式の締結装置で，JISでは「レール用ねじくぎ」として規定されている．タイプレートを併用する場合が多い．このねじ釘のねじ山は，入りやすく抜けにくいよう，片側のみに斜面を設けた特殊な形状である．回しながらねじ込んでゆく都合上，犬釘のように一方に飛び出た頭の形状にはできないから，四角頭の首下には座金が必要である．

そしてさらにこれを発展させたものが弾性締結装置である．弾性締結装置はねじの締めつけ力を板ばねを介してレールに伝達するので，これまでの締結装置のように単にレールを固定しているだけでなく，常時ばねの弾性力がレールに作用しているから，レールが列車の進行方向に移動する「クリープ現象（匐進という）」に対しても有効であり，また，前記の一時的な横圧に対しても，復元力があるので劣化が進行するということが少ない．

弾性締結装置はPCまくらぎの登場とともに本格的に採用されるようになったようだが，タイプレートを併用すれば木まくらぎにも使用でき，用途によってさまざまな種類がある．

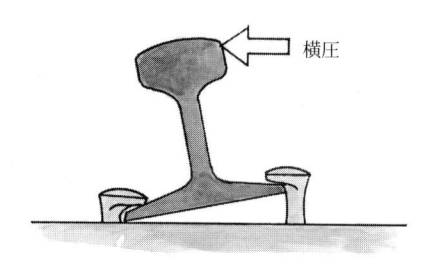

図 1-2　車輪の横圧によって犬釘のゆるんだ状態
ゆるんだ犬釘が自然に元に戻ることはない．

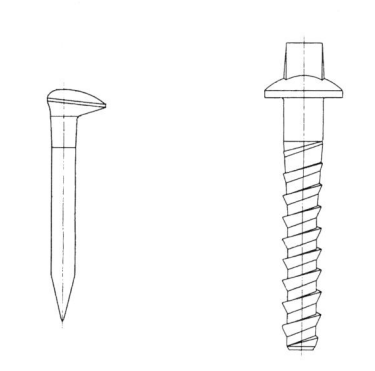

図 1-3　犬釘とねじ釘の例
左　JIS E 1108（犬くぎ），右 JIS E 1109（レール用ねじくぎ）の図面から．

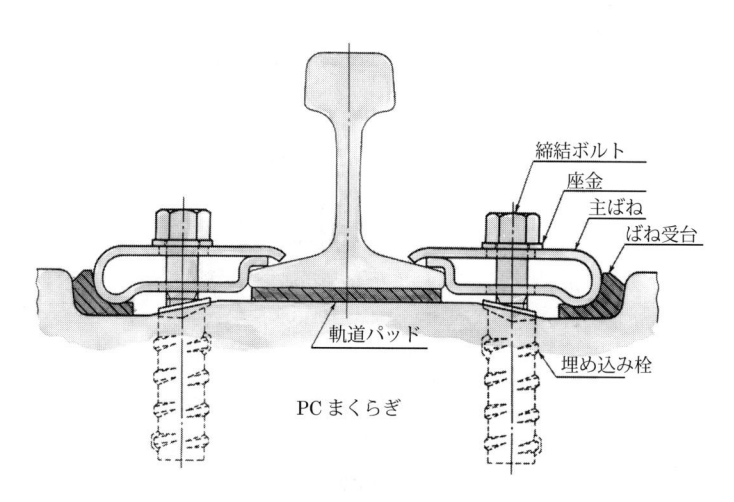

図 1-4　弾性締結装置の例　JIS E 1118 付図（高速形）より
埋め込み栓とばね受台は不飽和ポリエステルなどの樹脂，主ばねは，ばね鋼．軌道パッドは黒色加硫ゴムである．レールは，上下方向にはばねを介して柔らかく，軌間方向には固く固定されているのがわかる．

パンドロール形締結装置

　わが国で一般に弾性締結装置と呼ばれているものは，まくらぎへの固定手段はボルト，あるいはボルトが埋め込まれている場合はナットで，弾性部材は板ばねであるが，世界の鉄道で主流になりつつある「パンドロール形」と呼ばれるものは，鋼棒をクリップ状に曲げた棒ばねを使用する締結装置で，ノルウエーの鉄道技師，パンドロールセンの 1955 年の発明という．特許を取得した英国企業がパンドロール社（Pandrol

(a)

e クリップ

レール

パッド

(b)

ショルダ

インシュレータ

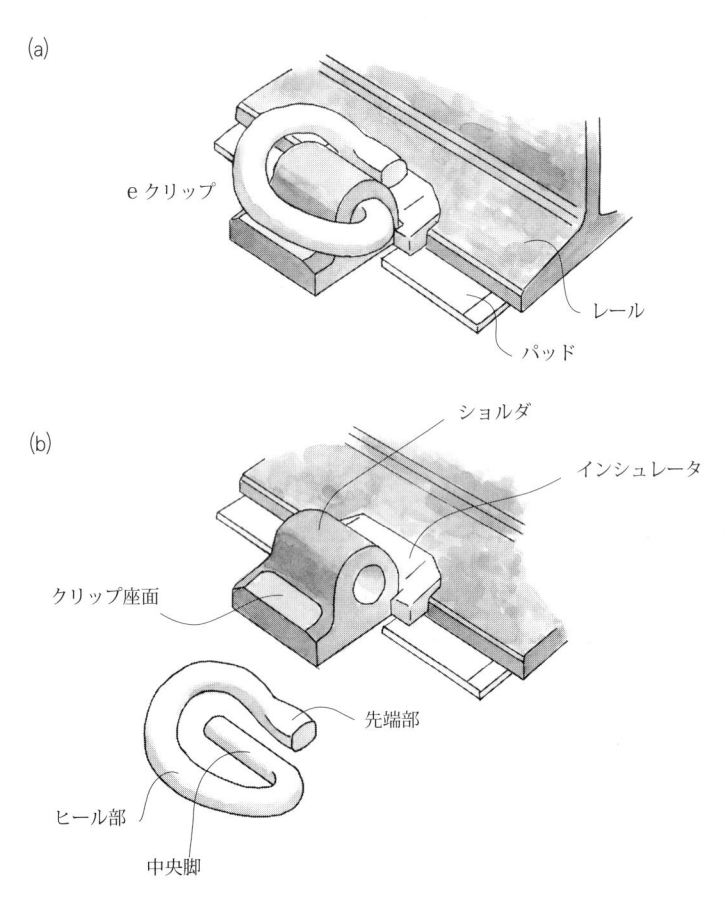

クリップ座面

先端部

ヒール部

中央脚

図 1-5　パンドロール形締結装置
(a) 締結状態　(b) クリップを外した状態
(パンドロール社の特許公報，住友商事㈱のホームページ等を参考に筆者作成)

Limited）を設立して製造に乗り出し，簡素な構造とメンテナンスフリーの利点が評価されて，急速に普及している．筆者も外国の鉄道では 1980 年代の末頃から見慣れていたが，わが国で見かけるようになったのはごく最近のことで，早くても 21 世紀に入ってからだったと思う．現在 JR 東日本や一部大手私鉄で導入が進んでいる．

　パンドロール形にもいくつかのタイプがあるが，もっとも一般的なのは「e クリップ」と呼ばれるアルファベットの「e」の形をしたクリップを使用するものである．図 1-5 に示すように，①中央脚，②ヒール部，③先端部の 3 つの部分が中央脚を中心に平行しており，③先端部がレールの下フランジを押しつけて固定し，その反力で②ヒール部がショルダに押しつけられる構造である．ショルダはまくらぎに埋め込まれている．図では③先端部とレールとの間にインシュレータ（絶縁材）を挿入しているが，絶縁の必要のない場合は直接レールを押えてもよい．

　このファスナは特殊な工具を使ってワンタッチで取り付けられ，外す場合も同様である．犬釘やボルトと異なり，ゆるみを点検したり給油したりという手間が一切不要であるばかりでなく，専用工具を持たない素人が悪戯に外そうとしても不可能なので，列車妨害などの防止にも有効である．

　なお，パンドロール社の基本特許はもともとわが国には出願されていなかったようだが，たとえ出されていても時期的にとうの昔に消滅している．現在わが国で登録になっている特許は絶縁タイプに関するもの 1 件のみ[*4]であるが，わが国で使用されているパンドロール形ファスナは事実上国内あるいは海外の，同社と提携している会社[*5]の製品である．JIS はまだこれに対応していないようだ．

[*4] 登録特許第 3547871 号（2004（平成 16）年 4 月 23 日登録）．
[*5] 元々住友金属㈱の系列で，日本発条㈱の資本も入った㈱スミハツが 1998（平成 10）年から量産を始めている．

線路の保守

砂利道床が雪に弱いと言われるが，これは高速で走る新幹線の話である[*6]．一般の路線では構造的に砂利が特に弱いということはいえないと思うが，砂利道床が保守に人手がかかるということはある．保線作業といえば，ほとんどが砂利道床のつき固めを指す程で，まくらぎの下に砂利を押し込んでゆるんだ道床を締めるのである．昔は，レールの両側に並んだ線路工夫が息を揃え（全員のリズムを取るために歌を歌った），振り上げたつるはしを道床めがけて打ち下ろしていたのだが，つるはしが機械化され，さらに現在ではマルチプルタイタンパ（略して「マルタイ」）という機関車のような作業車両がこれを行うようになっている．マルタイは昼間は線路脇の保線基地に身をひそめていて，深夜に出動するので，その活動ぶりを知る人は少ない．

砂利道床は，まくらぎの全長にわたって十分につき固めるのが必ずしもよいのではないようで，両端部，つまりレールの真下を集中的につき固め，中央部分はゆるんだままにしておく「中すかし」という手法が採られる．さらに，いったん一杯までつき固めたら，ちょっと崩して柔らかくすると最高の乗り心地になるとも言われる．しかしその状態は長く続かないので，一般には行わず，お召し列車が通るときなどに行ったものだという．昔は汽車に乗っていて，名人の線路工夫が手がけた区間ははっきり分かったというが，名人芸が見られなくなったという点において，線路もまた例外ではない．

保線作業は，鉄道事業の中でも労働集約形の代表であるばかりでなく，列車密度の増大と運転時間帯の拡大に伴い，作業を行う間合いの確保が年々難しくなっているという問題があり，保線作業そのものを削減することは至上課題となっている．保線作業の機械化はその答えのひとつではあるが，機関車ほどもある大型機械は人間の集団よりも騒々しい場合も大いにあるから，精一杯低騒音型とするための工夫がこらされている．

根本的には，保守に人手のいらない軌道構造の実現が望まれる．ロングレール化もそのひとつだ．最近の新幹線や在来線の新線に多く採用さ

[*6] 床下に付着した雪が氷結して落下し，砂利をはね飛ばして通過中の対向列車のガラスを破損するという事故が何回か発生している．

写真 1-10　防音形マルタイ（プラッサー製，京成電鉄）

写真 1-11　防音板を引上げたところ
作業をするツールが見える．

昼間の保線作業

保線作業は夜間とこれまで相場が決まっていたが，近年，JR の複々線区間などで，平日の昼間，「リフレッシュ工事」と銘打って一方の線路の列車運転を止め，大規模な保線工事を行う例が出てきた．この写真は，2000（平成 12）年 10 月 4 日と 11 日の水曜の昼間に JR 中央

写真 1-12
バラスト満載で待機する貨車
（飯田橋）

写真 1-13
道床の入れ換え
（飯田橋）

写真 1-14
人海戦術の道床つき固め作業
（代々木）

線，水道橋－代々木間で行われたリフレッシュ工事の様子である．運転を休止した快速線のあちこちで作業が行われ，それを並行する各駅停車の車窓や中間の各駅から，つぶさに観察することができた．

なお，マルタイなどの大型作業車はヨーロッパ製が主流で，写真1-15 はオーストリアのプラッサー＆トイラー（Plasser & Theurer）社製，写真 1-16 はスイスのマチサ（MATISA）社製である．

写真 1-15
白昼堂々，本線上に姿を表したマルタイ軍団(市ヶ谷)

写真 1-16
位置を決め，作業にかかるマルタイ(市ヶ谷)

写真 1-17
道路・線路両用の作業車（飯田橋）

れている「スラブ軌道」は，砂利をなくし，ついでにまくらぎも省略してコンクリートスラブに直接レールを取り付ける軌道構造で，積雪対策にも有利であり，ある意味で究極の形ともいえるのだが，バラスト道床と比べて騒音が大きく，乗り心地も固いから，列車に乗っていても違いがはっきりわかり，まだまだ理想の形とはいえないようだ．

そこでこの他にもさまざまな「省力化軌道」が模索されている．まくらぎを広幅にして受圧面を大きくし，砂利道床内にセメント系の安定剤を注入する「TC型軌道」もそのひとつである．鉄道総研が開発した「E型舗装軌道」は，大判まくらぎをアスファルト舗装に埋め込んだような構造で，JR東日本の山手線の駅部などでよく見かける．これらはいずれも，既設線に適用できる改良技術ということを前提に開発されたもののようである．

なお，バラスト道床の素材は古来，河原で無尽蔵に採れると思われていた砂利であったが，近年，砂利採取の規制に伴い，砕石に変わってきている．もっとも砕石の方が粒度のコントロールも容易で，道床としての支持力もむしろ優れているようだ．

噴泥現象

バラスト道床の欠陥の最大のものとして知られる．レールの継ぎ目部分に多く発生するが，それは継ぎ目部分でレールのたわみ（上下動）が特に大きいからである．ぬかるみ地帯のようなところで，地盤改良などを十分に行っていないと，バラストは泥中に沈んでしまい，まくらぎの下にはまくらぎの上下動による空隙ができる．付近から水が流入したり，雨水が溜まったりすればこの空隙の内部は泥水が一杯である．そこを列車が通過すると，まくらぎはシリンダの中のピストンのようなもので，中の泥水が勢いよく地上へ吹き出す．これが噴泥現象である．雨がやんで日が照ってくると，泥水が渇き，継ぎ目部分だけミルクを撒いたように線路が白くなるので，すぐわかる．放置しておくとさらに悪化する．

わが国では最近ロングレール化によりレールの継ぎ目が少なくなった上，保線レベルも向上したので，噴泥現象を以前ほどには見かけなくなったけれども，根治されたわけではなく，今なお保線担当者の悩みの種であるようだ．

写真 1-18
TC 型省力化軌道
泥水が溜まっているわけではない．

写真 1-19
E 型省力化軌道
クッションが効かないから，低速の駅部などに限られるようだ．

写真 1-20
噴泥現象の現場
白い泥跡が鮮やかな，海外某国の光景である．

路面電車の線路

　路面電車の線路について簡単に触れておこう．

　道床，まくらぎ，レールという線路の基本構成は本質的に変わりはないのだが，路面の場合（例えば昔の鉄道馬車というものをご想像頂きたい），線路内を馬が走ったり自動車が入ったりするので，レールの周囲を道路面と同じ高さにしておく必要がある．道路も昔は必ずしも舗装されてはいない．そこで軌道部分に石を敷くことが考えられた．石材はあまり薄いと割れてしまうからある程度の厚みが必要であり，まくらぎの上にこの敷石を敷いて，その上面をレールと同じ高さにするには，レールとして普通よりもやや背の高いものを使用する必要があった．それに加えて，レールの内側の敷石との間にフランジの通過する「すきま」を確保するには，レールそのものにフランジ用の溝を設けるのが確実であることから，溝付きレールが誕生したものと思われる．路面電車は現在わが国でまだあちこちで走っているというのに溝付きレールの需要がなくなったのは，舗装が敷石からアスファルトに変わり，普通レールが使えるようになったためである．レールの製造については別項（8章）をご覧頂きたいが，溝付きレールは左右非対称なので製造がそれだけ難しく，高価になることは避けられない．おまけに需要がきわめて少ないとあって，現在わが国では生産されていない．

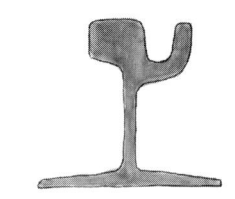

図 1-6　溝付きレールの断面

写真 1-21
路面電車の軌道

道床もまくらぎもない線路

　この本では原則として，図1-1に示したような普通の線路を対象としているが，最近のわが国で，道床もまくらぎも，さらに締結装置もない線路というものが出現したので，ちょっとご紹介しておきたい．

　場所は富山市，旧JR富山港線をリニューアルして開業した「富山ライトレール」の新設部分，富山駅北～奥田中学校前間である．この区間は旧富山港線のルートを使わず，道路上に新規に建設された．その線路構造は，コンクリート床板にレール方向の溝が設けられており，その中へレールを入れ，すきまに樹脂を流し込んで固定するというもので，樹脂固定軌道"INFUNDO（インファンド）"[*7]といい，わが国の新潟トランシス㈱がドイツ・ミュンヘンのエディロニ社から導入した技術である．

　新潟トランシスは昔の新潟鉄工所の車両部門を2003（平成15）年にIHIの資本で新会社にしたもので，気動車や「ゆりかもめ」，「日暮里・舎人ライナー」などの新交通車両を製造する車両メーカーであるが，富山ライトレールの車両7編成全数を同社が受注したついでに新設の軌道にもこのINFUNDOを採用したということらしい．

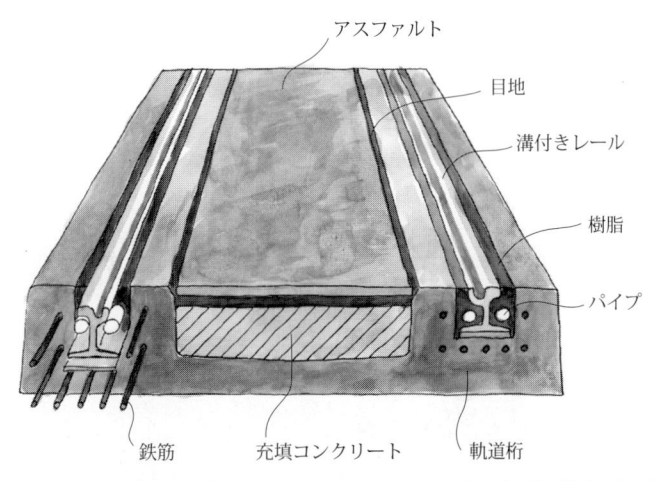

図 1-7 INFUNDO 軌道構造（新潟トランシスのホームページの図を基に筆者が作成）

[*7)] 詳しくは新潟トランシス㈱のホームページを参照されたい．

溝の底には防振ゴムのマットが敷かれ，レールには路面電車用の溝付きレールが使われている．レールの両側にパイプが埋め込まれているのは，充填する樹脂を節約するためである．樹脂は手で押すとへこむ程度の柔らかいものだが，将来レールを交換するときには溝の中の樹脂を掻き出さなければならないだろう．

　なお，前記したように溝付きレールは現在わが国では生産されていないので，富山では輸入したそうである．

写真 1-22　試運転中の富山ライトレール（富山駅北，2006 年 4 月）

写真 1-23
施工中の富山ライトレールのINFUNDO
（坂田一之氏撮影）

写真 1-24　完成後の INFUNDO
上の写真と同じ奥田中学校前交差点.

1章　線路の構造

柳条湖事件の怪

　日中戦争の端緒となったことで知られる柳条湖事件であるが，真相が明らかになったのは戦後のことである．秦 郁彦『昭和史の謎を追う（上）』[*8]によると，事件は関東軍の仕組んだ謀略であった．1931（昭和6）年9月18日夜，満鉄（南満洲鉄道）本線，奉天（現・瀋陽）駅北方約7.5kmの地点で線路が爆破されたが，間もなく現場にさしかかった長春発の第14急行列車は，付近に身をひそめて見守る関東軍兵士の眼前を時速80kmで何事もなく通過し，奉天駅に定時に到着したのであった．爆破そのものは成功し，曲線部の外側レールが継ぎ目をはさんで合計78cm切断されて継ぎ目板とともに飛散，まくらぎ2本は粉々になって散乱，という状態であったというのに，列車は脱線もせずに通過したのである．列車転覆を口実に戦火を交えようとした関東軍の思惑は見事に外れてしまったのだが，近年になっての当時の保線区長の証言によれば，復旧作業は1時間もかからなかったという．

　この本（昭和史）の著者・秦氏は「関係者に工兵や爆薬専門家が加わっていなかったのが誤算の理由であろうか」とコメントしている．日本陸軍には明治以来，「鉄道兵」という鉄道に関するプロ集団も存在したけれども，ことが謀略だけに内地から専門家を呼び寄せるわけにもゆかず，素人が爆薬を仕掛けて失敗したというのがことの顛末のようである．

　それはともかく，列車を脱線させようとしてもうまくゆかないほど，レールというシステムは安定している，という傍証にはなりそうなエピソードである．

＊8）秦　郁彦『昭和史の謎を追う（上）』文春文庫，1999年．

2章　まくらぎを観察する

フランスのPCまくらぎ（パリ，モンパルナス駅）

まくらぎの種類

まくらぎは，JISの「鉄道－線路用語」によると，英語では sleeper，米語では tie だそうである．

まくらぎを長さで分類すると，1対2本のレールを連結する普通のものと，1本だけのレールを支持する短まくらぎ（ブロックまくらぎ），3本以上の多数のレールを固定して支持する長まくらぎ（分岐まくらぎ）とがあり，使い方の分類では，レールと直角の普通のまくらぎ（あえていう場合は「横まくらぎ」）と，レールに沿って真下に敷かれる縦まくらぎとがあり，さらに近年登場したものに，縦横のはしご状をした「ラダーまくらぎ」がある．横まくらぎで普通の長さのものを「並まくらぎ」ともいうようだ．

材料による種類では従来一般的だった木まくらぎ，現在では主流のPCまくらぎ，特殊な場所に木まくらぎに代わって使用される合成まくらぎ，一部の路線で使用される鉄まくらぎなどがある．割れ，腐食などのメンテナンスがかかるのと，クリ等の固い木材の枯渇とで，木まくらぎはすたれつつある．

PCまくらぎ概論

PCコンクリート

コンクリートは土木・建築用の構造材として広く使用される．圧縮には強いが，引張り荷重に対してほとんど耐力がないのが欠点である．「RC (Reinforced Concrete) 造」とよばれる鉄筋コンクリート構造は，内部に埋め込まれた鉄筋が引張り荷重を負担するようにしてこの欠点を改善したものであり，19世紀のフランスの植木職人 モニエ (J.Monier) の発明とされる[*1]．

この考えを一歩進めて，鉄筋（この場合は「PC鋼材」という）を介してコンクリートに予め強い圧縮荷重をかけ，構造体に引張り力が作用しても圧縮荷重が軽減されるのみで純粋の引張りにはならないようにし

---

*1) 樋口芳朗「コンクリートまくらぎあれこれ」，『Cement Concrete（セメントコンクリート）』セメント協会，第490号，1987年12月．

たのがプレストレスト・コンクリート（Prestressed Concrete）である．1928（昭和3）年にやはり同じフランスのフレシネ（E.Freyssinet）が実用化したといわれる．わが国では戦時中の1943（昭和18）年頃に当時の鉄道技術研究所（現・鉄道総合技術研究所）の仁杉　巌氏（後に国鉄総裁や西武鉄道社長を歴任）が研究を始めたのが嚆矢という．ようやく戦後になって，PC橋とPCまくらぎとして実用化された[*2]．

フレシネの基本特許はとうの昔に切れているが，技術指導の余波はまだ世界を覆っており，わが国でも現在「フレシネ・ファミリー」とされるメンバーは80社以上，コンクリート関連の名だたる企業が名を連ねている．

PCとPS

JISの用語をはじめとして，PCは「プレストレスト・コンクリート」の意味で使われるのが普通だが，「プレストレスト」だけをPSと略して，後ろに「コンクリート」を付ける場合もある．例えば現在「ピーエス○○」という社名の会社がいくつかあるが，元の名前を調べてみると「ピー・エス・コンクリート」だったりする．

一方，同じコンクリートの世界に，プレキャスト（Pre-Cast）という意味のPCもある．

コンクリート構造物の大部分は，現地でコンクリートを打設し，そのまま硬化させるいわゆる「場所打ちコンクリート」である．これには施工上管理すべき点がいろいろあり，施工上のミスも生じやすいし，工事を手抜きする余地もある．工程毎に写真を撮ったり，サンプルを採取して試験をしたりして管理しているものの，しばしばトラブルが発覚し，新聞紙上を賑わせている．

これに対して工場で，しっかりした管理の下にコンクリート製品を製造することが行われており，プレキャスト・コンクリートと呼ばれる．必ずしもストレスをかけるわけではない．こうして作られるのはブロック状や板状のものであり，現地ではこれらをボルト等で結合して構造物

[*2] 今津賀昭「プレストレストコンクリート技術の発展」//www.psats.or.jp/column/imazu10

にしてゆくので場所打ちのような自由度がなく，適用場所が限定される．

しかし，まくらぎに限っていえば，工場生産が可能というより，工場で製造すべきものである．ストレスの導入も容易であるから，PCまくらぎはプレキャスト，かつプレストレストであり，PC化にはまさに打って付けの製品といえる．木材が潤沢に入手できた時代はともかく，森林保護などが叫ばれるようになると，俄然注目されることになる．

PCまくらぎの特徴

木まくらぎと比較した場合，PCまくらぎは，
- まくらぎ自体の寸法精度がよい
- 締結装置（ファスナ）との組み合わせで，高い精度でレールを固定できる
- 寿命が長い

などの長所を有する反面，
- 重いので人力作業には適しない
- 価格が高い

などが欠点とされる．一時，価格2倍，寿命5倍などともいわれたものだが，少なくとも価格については，現在では2倍まではしないようだ．

木まくらぎの価格高騰がきっかけとなってわが国でコンクリートまくらぎ（PCではなくRC）の試作が行なわれたのは1926（大正15）年のことであった．しかしこのときのものはひび割れの発生，レール締結部の破損，保線作業の困難さなどから本格採用に至らなかった．前記したように，漸く戦後になって，プレストレス方式を採用して初めて実用化に成功したのである．

その後保線作業の機械化，ロングレールの普及，締結装置の改良などと相まってJRの幹線や大手私鉄路線などでのPCまくらぎ化は順調に進み，特に1964（昭和39）年開業の東海道新幹線に全面採用されたことが大きなはずみとなった．

こんにち，地方のローカル線か，日頃あまり使われない構内側線などでないと木まくらぎを見かけることはない．PCまくらぎはもはや単なる木材の代替品ではなく，近代化された軌道構造に欠かせない重要な存在となっているといえよう．

プレテンションとポストテンション

　使用状態で，というより製造完了の状態でコンクリートに圧縮荷重が作用していることには変わりがないが，荷重をかけるタイミングによってPCまくらぎに2種類ある．プレテンションとポストテンションである．プレテンションはJIS E 1201，ポストテンションはJIS E 1202にそれぞれ規定されている．

　プレテンションは，型枠内にPC鋼材を配置し，テンションをかけた状態でコンクリートを流し込み，硬化させた後に緊張力を解放する．PC鋼材とコンクリートとの付着力によって圧縮力がコンクリートに作用するので，PC鋼材としては「PCより（撚り）鋼線」，つまりワイヤロープのようなものを用いる．初期のPCまくらぎでは，PCワイヤをさびさせることで付着力を得ていたため緊張力が不安定であったというが，現在は表面に浅いみぞを形成した「異形鋼より線」を使用することでこの問題を解決している．

　これに対してポストテンションは型枠内にPC鋼材を配置してそのままコンクリートを流し込み，硬化させた後にPC鋼材を引張って荷重をかける．PC鋼材はボルトを長くしたような鋼棒である．こちらは逆にPC鋼材とコンクリートとの間ですべりが必要なため，鋼棒にはアスファルトなどのアンボンド剤を塗布している．

　プレテンション式とポストテンション式とで，まくらぎそのものに性能上の優劣はない．製造現場を見れば納得できるが，両者の優劣は使用条件というよりは，製造条件にある．プレテンションは量産品に適している．一方，少数を製造するにはポストテンション法によらざるを得ない．なお，両者は端面を見れば一目で識別できる（詳しくは6章参照）．

PCまくらぎを観察する

　量産品種とも思えるPCまくらぎにも，よく見るとさまざまな種類がある．車窓から，あるいは線路脇を歩いて，それらを観察してみよう．

a. 普 通 形

　ごく普通のPCまくらぎを，ここでは仮に「普通形」と呼ぶことにする．普通とは特殊ではないということで，特殊なものは次項以下で説明する．
　あえて普通形を定義すれば，バラスト道床区間で，レールの継ぎ目以外の部分に，レールを支える以外の付加的な機能なしに使用されているPCまくらぎ，ということになるだろう．
　普通形だからといって，JISなどで寸法まで統一されているわけではない．PCまくらぎはすべて注文生産であり，鉄道会社によってそれぞれ設計思想が異なるので，一見同じような普通形でも寸法，形状は千差万別である．路線によって軌間はもちろん，軸重などの荷重条件が異なることはいうまでもない．そのような微差はともかくとして，PCまくらぎの一般的な形状は矩形断面の棒状で，両側にレールの載る部分（座面）があり，そのそれぞれの両側にレールを固定する締結装置の取り付け座がある．締結装置がボルト形式の場合，まくらぎ内に「埋め込み栓」が埋め込まれており，表面にはねじ孔が見える．1章で説明したパンドロール形の締結装置は，ばねを取り付ける「ショルダ」という金物が埋め込まれ，表面には弾性クリップを挿入する頭部が見える．
　なお，見かけは「普通形」でも，曲線部分に使用されるものは寸法が若干異なる．曲線部では「スラック」といって軌間をわずかに広げるので，座面の間隔が変わるからである．直線部分用に較べて5mm飛びで最大25mmまで広げたものがある．なお，スラックが25mmといえば，曲線半径で200m未満に相当する．締結装置の方である程度のスラックに対応できるものもある．

b. 継ぎ目用

まくらぎが継ぎ目の真下に配置される「支え継ぎ」の場合，継ぎ目による衝撃荷重に対応するためやや幅の広いPCまくらぎが使用される．両隣の普通形と較べると違いがわかる．

写真 2-1　継ぎ目用

c. ケーブル保護形

信号回路などの電気ケーブルが線路を横断する箇所で，保線作業などでのケーブル損傷を防止する目的でケーブルをまくらぎに添わせるため，PCまくらぎの肩の部分にくぼみを設けたものである．押さえ金物を固定するので全長に渡ってボルト孔も設けられる．

写真 2-2
ケーブル保護形

d. 伸縮継ぎ目用

ロングレールの両端の伸縮継ぎ目の部分に使用されるまくらぎも一般用とは少し違う．レールの重なる部分で締結装置が大型になるからである．

写真 2-3
伸縮継ぎ目用

e. 3 線軌道用

2種類のゲージに対応する3線軌道区間のまくらぎは，当然レール座面が3ヵ所必要であり，特殊なものである．新幹線などの1,435 mm軌間と在来線の1,067 mm軌間との組み合わせがほとんどで，軌間差が368 mmあるので何とか締結装置を配置できる．これ以上差が少ない場合は3線軌道も設計が難しいだろう．

青函トンネルは，現在は3線軌道ではないが，将来に備えてまくらぎ

写真 2-4　3線軌道用
秋田新幹線, 刈和野.

（実際にはまくらぎではなくスラブ軌道）には3線軌道用を使用している．このトンネルは近い将来，札幌行きの新幹線が共用する予定なので，上下線複線軌道のそれぞれの中央寄り外側に新幹線用の締結装置が埋め込まれているが，1988（昭和63）年3月のトンネル開通からすでに20年近くが経過している．新幹線が走るのはあと何年先になるのか，仄聞するところによると埋め込まれた金物はすでにタイプが旧式である上，水の侵入によって一部に腐食も発生しており，新幹線を通す際には手当てが必要だそうである．

f. レールリニア用

　浮上式ではなく，走行用のみにリニアモータを使用するいわゆる「レールリニア」方式では，走行レールの中央にリアクションプレートと呼ばれる金属板が必要である．このプレートがリニアモータのロータに相当する．PCまくらぎは当然，2ヵ所のレール座面のほかに中央にリアクションプレートの取り付け座がある．

　現在のわが国では都営地下鉄大江戸線，大阪市営地下鉄長堀鶴見緑地線，神戸市営地下鉄海岸線，福岡市営地下鉄七隈線，横浜市営地下鉄グリーンラインなどが営業中，仙台市営地下鉄が計画中であるが，なぜかこの方式は公営の地下鉄路線ばかりで採用されている．

　なお，これと類似のものにアプト式登山鉄道用のPCまくらぎがある．これは現在大井川鉄道井川線のみで見られる．

写真 2-5
レールリニア用
横浜市交通局グリーンライン

g. 下級線用

「下級線」とは一般の読者諸氏にはなじみのない言葉だろう．実は，JRの在来線（新幹線以外の路線）には運転条件，主として年間の通過トン数によって「線路等級」が定められている．以前は「特甲線，甲線，乙線，丙線，簡易線」の5等級があったが，現在は1級線から4級線までの4段階で，このうち3級線と4級線をJR内部では「下級線」と呼んでいるのである．

近年のJRの1級線，2級線（つまり幹線）ではスピードアップ，列車の増発，保線作業の機械化，省力化等の理由からロングレール化，PCまくらぎ化が推進されて木まくらぎはほとんど見ることができないが，下級線，すなわちローカル線区ではまだまだ木まくらぎが大量に残っている．しかし森林保護などで将来木まくらぎの補充は困難なので，残存木まくらぎのPC化が今後の課題となる．この目的のため，JR東日

写真 2-6
下級線用まくらぎ
レールの真下にコンクリートが張り出している．

写真 2-7
下級線用まくらぎ

本が開発したのが「下級線用 PC まくらぎ」で，幹線と比べて荷重条件がゆるやかであることから寸法的に全体をスリム化しているが，レールの真下の部分だけ幅を広げ，また通常平面である底面にも幅方向の突起を設けて，断面を小さくした分の水平方向の抵抗力の減少をカバーする設計である．

線路観察でこのまくらぎを発見するには，先ず木まくらぎが残っているローカル線区に行くことが必要である．木まくらぎも使えるうちは使用するので，点検して寿命になったものだけを PC まくらぎに交換している．だから木まくらぎの中に飛び飛びに PC が混じっていたら，これの可能性が大きい．近づいて見て，レール下部分に張り出しが見えれば確認できたことになる．

h. 弾性直結形

バラストを使用しない直結軌道に使用する PC まくらぎである．全体に幅を広げて支持面積を大きくした上でレール座面の真下に厚い防振ゴムを取り付けてある．防振ゴムの寿命はまくらぎよりも短いと思われるので，一応交換可能に設計されている．

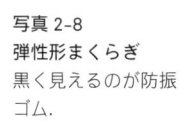

写真 2-8
弾性形まくらぎ
黒く見えるのが防振ゴム．

写真 2-9
敷設中の弾性まくらぎ
周囲にコンクリートを流して固める．

i. 広幅形

1章で説明したE型軌道用のPCまくらぎである．幅が広く，ほとんど隣のまくらぎと接している．まくらぎというよりスラブ軌道のコンクリート床版を締結装置毎に分割したようなもので，下に砂利道床はなく，アスファルトのようなものに埋めてある感じである．面積の大きい床版の場合，下部の路盤に荷重が均一に伝達されるためには流動性のあるものを介在させるのが確実な手段であると思われる．目的はもちろん，メンテナンスの省力化であろう．

写真2-10
E型軌道用広幅形

j. ラダー形まくらぎ

レール方向の縦まくらぎを2本，鋼管などの連結材で結んだ「はしご（ラダー）形」をしている．鉄道総研が開発を進めてきたもので，バラスト形とフローティング形の2種類がある．バラスト形は通常のバラスト区間に使用され，フローティング形は下部に防振装置を介してスラブ直結部分などに使用される．

写真 2-11
バラスト形ラダーまくらぎ
これから敷設するラダーまくらぎが線路脇で待機中.

写真 2-12
バラスト形ラダーまくらぎ
伸縮縦目部分に敷設されたラダーまくらぎ.

写真 2-13
フローティング形
下はコンクリート路盤で防音の砂利を撒いてある.
(JR 横浜駅)

木まくらぎを探そう

　少々都心を外れてはいても首都圏の一角に生活するわれわれにとって，通常見かける線路のまくらぎはほとんどがPCで，木まくらぎは滅多に見られない，希有な存在となってしまった．「まくらぎ」という言葉にしても，「枕」が当用漢字にないのは致し方ないとして，少し前までは「まくら木」と書くのが普通だったのに[*3]，2001（平成13）年版のJISで「木」がなくなり「まくらぎ」になってしまったのは，現実の線路に木まくらぎが見られなくなったためではないか．

　しかし探し方のコツがわかると，あるべきところにはあるものだ．といっても，マツタケならば探し方を知るメリットもあるというものだが，木まくらぎを見つけたところで何の御利益もないことは，お断りするまでもない．

　少し以前であれば，レールの継ぎ目部分には木まくらぎが残っていた．しかしこれも継ぎ目対応のPCまくらぎが登場して，あまり見られなくなってしまった．次が分岐器部分である．これは他の章でも説明したが，分岐器部分ではレールの間隔が変化するためまくらぎ1本毎に締結装置の位置が異なり，量産が難しいことからPC化が遅れていたのだが，後からでも自由に孔あけできる「合成まくらぎ[*4]」が開発されてもっぱら分岐器部分にこれが使用されるようになり，ここでも木まくらぎは淘汰されつつある．

　残るは無道床橋梁である．これは衝撃がもろに作用する上，裏側を鋼製の桁にはめ込まなければならないので，PCまくらぎでは対応できない．合成まくらぎならばOKの筈だが，費用の関係もあるのか，まだ結構木まくらぎを見ることができる．

　あとはちょっと目につかないところだ．例えば線路の下を細い水路（ドブという方が分かりやすい）が横切っている箇所がある．PCまくらぎ区間であっても，コンクリート製のトラフの部分などに，2本か3本，木まくらぎが使われていることが多い．あと，線路と道路とが斜めに交差している踏切の道路部分の端などに，木まくらぎが見えたりする．

＊3）例えば1981年発行の『土木用語事典』，1996年発行の『鉄道用語事典』など．
＊4）硬質ウレタン樹脂発泡体をガラス繊維で強化したもの．木材と同じ四辺形断面で明るい茶色に塗られており，遠目には木まくらぎと見分けがつかない．

写真 2-14
木まくらぎの残るローカル線

写真 2-15
分岐部分の合成まくらぎ

写真 2-16
橋梁部分の木まくらぎ

コンクリートブロックで隠れた踏切道の下も，あるいはすべて木まくらぎかも知れない．

使われなくなった側線や，一時期しか使用しない仮線などにも，木まくらぎが見られる．

いずれにせよ，応急対策としての木まくらぎの必要性は大きいから，一見，ほとんど木まくらぎの見られない新しい路線の保線基地にも，若干の木まくらぎと犬釘，バール（長い鉄の棒の一端がくぎ抜きになっている）等の工具が備えてあることは間違いない．犬釘をしっかり打てる職人がいるかどうかの方が気がかりである．

留置線

弾性まくらぎと弾性締結

字を見たら似たようなものに思えるが，実はこの両者は全く反対の作用をする．弾性まくらぎはコンクリートスラブなどの固い道床や路盤に対して，少しでも騒音や乗り心地を改善するため，まくらぎに防振ゴムを重ねたものだ．

一方，弾性締結方式は，図面（図1-4）を見ればお分かりのように，レールが持ち上げられたとき，元の状態に復帰するように，弾性材を介してレールをまくらぎに取り付けた構造のことで，路盤に対する鉛直方向には何ら弾性はないのである．

留置線

写真 2-17
蓋の下なので見えないが，排水溝の部分に木まくらぎが使われている．

写真 2-18
踏切のすぐ脇に木まくらぎが残っている

写真 2-19
線路工事用のバール

PCまくらぎのメーカー探し

　PCまくらぎには製造年とメーカーを表すマークが入っているので，いろいろなメーカーのものを探すのも面白い．JRにも私鉄にもまんべんなく見られるメーカーもあれば，特定の会社にしか見られないメーカーもあるようだ．

写真 2-20 「NTP」
旧・日本鋼弦コンクリートで，現在は㈱安部日鋼工業．

写真 2-21 「OKK」
オリエンタル建設，現在はオリエンタル日石㈱．

写真 2-22 「コーワ」
興和コンクリート㈱．（6章参照）

写真 2-23 「JPC」
㈱ジェーピーシー，黒沢建設の子会社で，工場は苫小牧にある筈．

3章　レールの継ぎ目

絶縁継ぎ目（江ノ島電鉄　鎌倉駅）

阿房列車の車輪の音[*1]

車輪がレールの継ぎ目（JISの用語では「継目」）を通過するとき音が発生する．堀内敬三氏や内田百閒氏とかいう昔の鉄道マニアは，乗った列車が快調に飛ばしているとき，脈を取る医者よろしくおもむろに懐中時計を取り出して1分間のレールの継ぎ目音を数え，「今時速何キロだ」などとつぶやくのを得意としていたらしい．

カタカタンという軽やかなレールの刻みは，旅を盛り上げるこの上ない効果音である．寝台列車などでロングレール区間をただシューッと走っているよりもジョイント毎に一定のリズムを刻んで走っていた方が快いということは誰しも否定しないだろう．しかし車内で聞こえる音は床その他に遮られて柔らかくなっているし，振動も台車のばねや座席のクッションによって緩和されて伝わっているから，車両の中ではさほど不快な感じもないのだが，立場（文字どおり「立っている場所」）を変えて，線路脇で車輪がレールの継ぎ目に当たる音を直接聴き，かつ沈下～浮上を繰り返すレールを見ていれば，通過する列車の車輪によって痛々しいほどレールや車両に衝撃が加えられているのがよくわかる．レールの端部，つまり継ぎ目の両脇の部分が衝撃によって早く摩耗しレール頭頂部が落ち込む現象を「継ぎ目落ち」といい，これもレール不良のひとつである．

ところで，このジョイント音は，車内で聴くのと線路脇で聴くのではもうひとつ大きな違いがある．音量，音質の外に，リズムが違うのである．いうまでもなく，車内で聴くジョイント音はレールの継ぎ目毎に，つまり25mレールであれば車両が25m走行する毎に発生する．一方，線路脇で聴くジョイント音は，通過する車軸毎に発生するから，レールの長さとは関係なく車軸の間隔によってリズムが決まる．

いま，ジョイント音用のモデル車両として車長20m，台車のホイルベース2083mm，ボギー中心間隔13,750mmのものを想定しよう．これは車軸の間隔が整数倍となるように数字合わせをしたのであるが，JRの標準電車が車長20m，ホイルベース2100mm，ボギー中心間隔13,800mmであるから，それほどおかしな数字ではない．

[*1]「阿房列車の車輪の音」内田百閒の作品名で，作品集のタイトル（例えば六興出版，1980年）にも使用された．

この車両が 25m レール上を走行するときのジョイント音をリズム楽器の楽譜に表すと図 3-1 のようになる．6/8 拍子と仮定すると，1 小節おきに休みの入る 2 小節毎の繰り返しである．繰り返しのサイクルは継ぎ目の間隔に相当する．一方，これを地上で聴くと図 3-2 に示すように 20m 車のボギーの間隔に対応して音が発生し，休みの部分の短い「変拍子」となる．なお，テンポを図に示したように仮に付点 4 分音譜で毎分 120 とすると，音楽としてはかなり速いが車両は時速 45km というゆっくりした速度である．

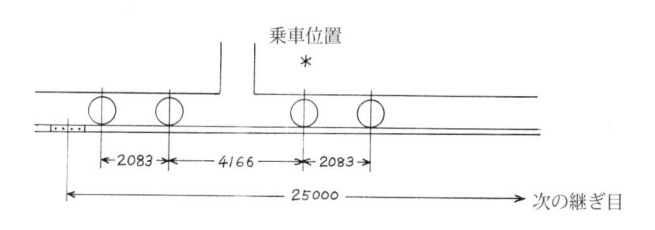

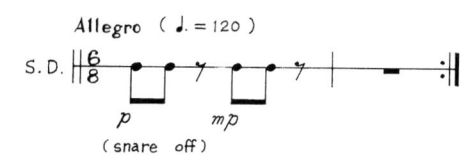

図 3-1　車内音のモデルと楽譜
S.D. はサイドドラム＝小太鼓，繰り返し回数＝お好きなだけ．

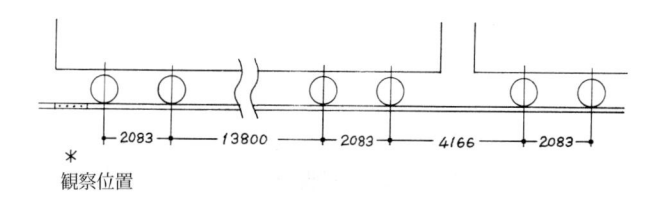

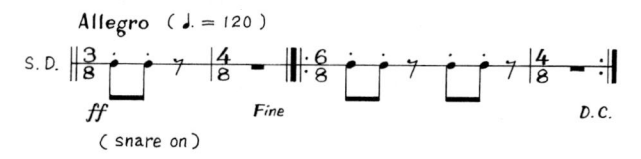

図 3-2　地上音のモデルと楽譜
4/8 の小節の休符の長さは，正確には 8 分音符 4.6 個分，列車が n 両編成なら，繰り返し回数は n － 1 回．

継ぎ目のレーゾン・デートル

レールの継ぎ目こそ、車両にとっても、また線路にとっても諸悪の根源であり、ないに越したことはない。ではレールの継ぎ目はなぜあるのか。その存在理由(レーゾン・デートル)を考えてみよう。

いうまでもなくその理由の第1は、製造段階でレールが一定長さに切断され、その長さのままで運ばれ、敷設されるからである。したがって敷設後もこの長さ毎に継ぎ目が存在することになる。

別項(7章)に示すように、鉄道用レールは形鋼用の圧延機で熱間圧延して製造される。素材であるブルームの大きさにもよるが、理屈の上ではかなりの長さのものを1本のまま圧延できるけれども、第1それでは取り出すのが厄介だし工場からの出荷や貨車に載せての輸送にも不便だから、昔は10m(もっと昔、輸入レールの時代は当然ヤードポンド法だったろう)、現在では通常25mで切断される。レール運搬専用の長物貨車2両を連結しても、25mレールを運ぶのがやっとである。なおロングレール用として50mで切断される場合もある。

圧延ライン内でのホットソーによる切断はまだ材料が赤熱している状態で行うので長さ精度は悪いから冷却後にあらためて正確に切断し、両端所定位置に継ぎ目用の孔をあけて出荷される。敷設現場ではここに継ぎ目板をあてがい、ボルトで締めて接続する。

継ぎ目の存在理由の第2は、レールが物理学の法則に従って温度変化により伸縮するので[*2]、最大限に伸びた場合でもせり出さないよう、通常の温度では継ぎ目に隙間を設けておく必要があるからである。この隙間を「遊間(ゆうかん)(joint gap)」という。

レールは断面積に比べて長さの十分大きい金属の棒であり、「線膨張」がそのままあてはまる。鋼の場合その線膨張係数(熱膨張率ともいう)は、およそ

$$\alpha = 0.114 \times 10^{-4} \quad (1/℃)$$

であるから、±100℃の温度変化があれば100mのレールで0.114m、

[*2] 説明するまでもないことだが、実際には「レールが物理学の法則に従って温度変化により伸縮する」わけではなく、物質の熱膨張を定量化して物理学の法則が作られたのである。

25 m ならばその 1/4 で約 28 mm の伸縮があることになる．ちなみに炎天下で気温 38℃のとき，レールの温度は 60℃にも達するという．

　しかし上記の計算は次の点でやや現実的でない．線膨張係数というのは物体が自由に伸縮できる状態での数値だから，締結装置によってまくらぎと道床，つまり地球にしっかり固定されているレールには当てはまらない．レールの両端は法則どおりに伸縮するが，長さの大半を占める中間部分は拘束されているためほとんど伸縮しないのである．「ロングレールの普及」の項でくわしく触れるが，数キロメートルという長いロングレールが実用化されているのはこの現実にもとづいている．

継ぎ目板

　継ぎ目には両側から継ぎ目板をあてがい，ボルトで締めつける．継ぎ目板は JIS E 1102 によって規定されており，レールのサイズによって形状寸法が異なる．断面形状によって短冊形とアングル形（L字形）との2種類がある他，ボルト孔にも相違がある．例えば30キロレール（正しくは「30kg レール」，1m 当たりの重量が30kg のレール）用や37kg レール用では一対の継ぎ目板のうち少なくとも片側のボルト孔が水平方向に長い長円形をしているのに対して40N（40kg レールだが新規に設計されたものは断面が異なるので従来のものと区別するため記号 N をつける）よりも大きいレールではボルト孔はすべて真円である代わりに，継ぎ目板の外面が段付きになっている．さらに60キロレール用ではボルト孔が6個である．37キロ以下のレールというのは歴史的にも古く，使用するボルトは丸頭で，首下の短い部分のみが偏平（長円断面）になった特殊なものである．一方，40N 以上の比較的新しい規格のレールに使われるボルトは頭が4角で，ここが継ぎ目板の段付き部に嵌まり，首下は円断面である[*3]．

　このように継ぎ目板に使用されるボルトは通常の6角ボルトとは異なり，継ぎ目板のくぼみかボルト孔によって頭が回らないように工夫されている．したがって締めたり緩めたりはナットの側だけにスパナを当てて行うことができる．ナットは通常の6角ナットであるが，1人でその作業が可能なのである．

　ところでそのスパナだが，「線路用片口スパナ」といい，バールの一端をスパナにしたものである．これにも通常のスパナと異なる特徴がある．通常のスパナは開口の向きが軸芯に対して30°を向いている．6角ナットを回すには1回に60°ずつスパナが回ればよいわけだが，もう少し締めたいのにスパナの柄が何かに当たってしまうというような場合，スパナを裏返すとあと30°回すことができるようになっている．ところが線路用片口スパナは開口が軸芯方向を向いているから，裏返しても向きが変わらない．線路は，スパナをいくら回そうが周囲に障害物がないから，必要がないというのであろう．

＊3）以前は4個（6個）のボルト孔は等間隔だったが，40N 以降の新しいレールでは中央がやや長くなっている．

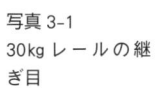

写真 3-1
30 kg レールの継ぎ目
継ぎ目板がアングル形で，ボルトの頭が4本とも同じ向きをしている．(JR貨物・田端機関区側線)

写真 3-2
37 kg レールの継ぎ目
継ぎ目板はやはりアングル形だが，ボルトの向きが交互になっている．(西武池袋線・東長崎駅構内側線)

写真 3-3
50 N レールの継ぎ目
継ぎ目板は短冊形．継ぎ目の真下にまくらぎのある支え継ぎで，しかも鉄まくらぎを使用している．(JR貨物・北王子貨物線)

30kgレールを除いて，4本，あるいは6本のボルトは交互に，あるいは対称形に頭の向きを逆にしている．これはおそらく，レールの両側に分かれて同時に作業ができるように，という配慮からと思われる．

ところで，継ぎ目板はレールの両側面に当てられるもので，内側も外側も同形である．しかし，レールの内面は車輪のフランジが通過するけれども，外側はそれがない．そこで，外側専用にレールの頭頂面までの高さのある継ぎ目板を使用すれば，継ぎ目の剛性を少しでも高くするためには有効であろう．

西野保行著『鉄道線路のはなし』には，旧・九州鉄道でドイツから輸入したそのような継ぎ目板が使用されていたことが記されている．ところが筆者は最近，つまり現在のJR線で，そのような，レールの外側の当て板まで光っている継ぎ目部分を発見した．広島県の可部線の電車区間で，横川～可部間にとびとびに何ヵ所か見られる．気になるので七軒茶屋で下車して近くの踏切まで行って撮影したのが右の写真である．付近のレールはすべて50Nという現在の規格であり，九州鉄道の生き残り品ではない．地元におられる長船友則氏に調べていただいたところでは，どうやら前記の「継ぎ目落ち」対策のようである．他の路線で見かけず，またこの可部線でもごく少数しか使用されていないのは，とりあえずテストしている段階なのであろうか．

異形継ぎ目板

同じ路線の連続した線路でも，本線と側線など，区間や用途によって通過する列車の量が異なるので，例えば主として50kgレールを使用している線区であっても，部分的には37kgレールで済ませている場所がある．こうしたレールの種類の変わる境目で使用するのが「異形継ぎ目板」と呼ばれるもので，長手方向の中央を境に片側ずつが異なるレールに対応した形状となっている．しかしこれは継ぎ目という弱点部分に断面急変という構造上の弱点が重なるのであまり好ましいものではない．JISでは，「閑散な側線や仮設線など以外にはなるべく用いない」としている．本線などでレールサイズの変わる部分には，寸法の異なるレールを溶接で接続した「中継レール」を使用して，継ぎ目は通常の継ぎ目構造とするのが普通である．

写真 3-4
60 kg レールの継ぎ目
継ぎ目板は短冊形でボルトが6本ある．これも支え継ぎで，PCまくらぎ区間であるが継ぎ目部分にはPCを避けて広幅の木製まくらぎを使用している．
(JR山の手線・上野駅構内)

写真 3-5
JR可部線で使われている異形継ぎ目板
レールよりも継ぎ目板の頭の方が光っている．
(可部線・七軒茶屋第四踏切脇)

写真 3-6
JR可部線で使われている異形継ぎ目板
電車区間だけあってレールは50Nである．
(可部線・七軒茶屋第四踏切脇)

なお，前記「継ぎ目落ち」対策として上向きの反りをつけた継ぎ目板を使用することもあるらしく，これは異形継ぎ目板の一種として JIS E 1116 に規定がある．前記の可部線のものも，JIS にはないがこの仲間と考えることができる．

断面の異なるレールの接続

断面寸法の異なるレールの接続構造において，筆者にはひとつの疑問がある．

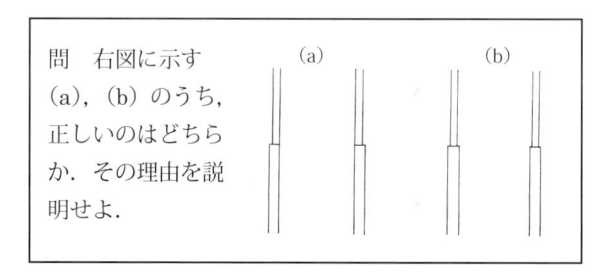

問　右図に示す (a)，(b) のうち，正しいのはどちらか．その理由を説明せよ．

という問題に，読者はどう答えられるだろうか．

鉄道線路におけるゲージは 2 本のレールの内側の間隔であるから，(a) と答える方も多いのではないだろうか．ところが，どうやら実際に現場で行われているのは (b) であるらしい．異形継ぎ目板に内側用，外側用の区別がない以上（JIS の図面にも実際その区別はない）これでレールをはさめば当然 (b) になってしまうし，溶接の中継レールを規定した JIS E 1122 を見ても，もし (a) であれば当然規定される筈の「接続される両側のレールの内側面が直線になるように」といった注意事項が見られないのである．

50N レールと 60 kg レールの組み合わせの場合に限り，レール頭部の幅は同じであるが，それ以外なら，高さだけでなく必ず幅が異なる．37 kg レールに 50 kg レールを接続する場合を例にとると，頭部の幅はそれぞれ 62.71 mm と 67.87 mm であり，5.16 mm の差がある．これを中心を揃えて接続すれば，レールの内側では片側 2.58 mm の段がつき，軌間にして 5.16 mm の差が生じる筈である．接続部分はグラインダで斜めに仕上げたとしても，こんなに差があってよいのだろうか．

写真 3-7
異種レールを接続する異形継ぎ目板 50kgN/30kgレール用で，右は本線の50kgNレール，左はすぐに車止めである．
（可部線・可部駅構内）

写真 3-8
異種レールを接続する異形継ぎ目板 37/30kgレール用で，約15mmの高低差が下に敷かれた鋼板でわかる．（東武東上線・下板橋駅構内保線車両用側線）

写真 3-9
異種レールを接続した中継レール 右は本線の40kgNレール，左は留置線の37kgレールである．このように継ぎ目の近くで接続するのが普通である．（豊橋鉄道・高師駅側線）

じつは，軌間にも許容される寸法差（公差）がある．JR 在来線の1,067 mm 軌間の場合，公差は＋7 mm，－4 mm とされているから，つまり 1,063～1,074 mm の範囲ならよいということで，多少外側に寄せて取り付けるなどのことをすれば何とか公差に収まるのかも知れない．

　ということで一応は納得し，この件はこれまでとするが，もし専門家のご教示がいただければ幸いである．

ロングレールの普及

　近年，レールの締結構造，レールの溶接というふたつの技術進歩によってわが国でもロングレールが目ざましく普及している．ドイツなどは国内のすべてのレールが溶接でつながっている，などという人もいる．
　ロングレールとは，25，ないし 50 m のレールを溶接してキロメートルのオーダーにしたものである．線膨張率に従い温度に比例して物質が伸縮するというのはその物質が自由に伸縮できる状態にある場合であり，拘束されていれば伸縮はできない．つまり，ロングレールにおいては，高性能の締結装置とコンクリートまくらぎなどの高級まくらぎを介してレールを路盤に強固に押さえつけ，伸縮を許さない状態にしているのである．このため，以前はロングレールの敷設は，年間の平均温度に近い夏期の夜間がよいといわれていたが，近頃ではそんなのんびりしたことも言っていられず季節を構わず交換しなければならないので，時期によっては敷設後に一旦締結をゆるめ，目標温度（25～30℃）までレールを加熱したり，緊張器によって伸び変形させてから再度締めつけるという「設定替え」という作業を付加して対処している．
　端部約 100 m ほどはどうしても伸縮が発生するので，ロングレールの先端には伸縮継ぎ目というものを使用する．両端部分を除くと，ロングレールには圧縮，あるいは引張りの内部応力が発生しているから，拘束力が負けると猛暑の昼下がりなどにレールが枕木ごとぐにゃりと横にずれ出して，時折新聞紙上を賑わせることとなる．レールが上方に浮き上がったということは聞かないので座屈は通常専ら横方向に発生する．そこで，ロングレール区間ではコンクリートまくらぎや鉄まくらぎなど，横方向の抵抗の大きいまくらぎが使用され，バラスト（砂利）も十分な

写真 3-10
異種レールを接続した中継レール
本線上の例で，左は 60 kg，右は 50 kgN レールのようである．ロングレール区間なのでレールの中間で接続している．
(JR 埼京線・池袋〜板橋間)

写真 3-11
伸縮継ぎ目
ロングレールの両端に設けられる．随所に見られるがこれは山の手線上野駅構内．内側の斜めに削られたレールは分岐器のトングレールと同形である．

写真 3-12
橋梁部分のレール
木製まくらぎを介して鋼製の橋梁に直接締結されている．
これは JR 東北線第二日暮里こ線々路橋（日暮里〜尾久間）のもの．

3章 レールの継ぎ目

厚さに敷設される．保守が簡単なのでとくに新幹線以来普及しているスラブ軌道など，バラストを使用せずにコンクリート道床とレールを直結する方式は，ロングレールには最適のようだ．

ちなみにわが国のロングレールは 1957（昭和 32）年 9 月，当時の東海道本線藤沢〜辻堂間に 3 本合計で約 2.8 km 敷設されたのが最初とされる[*4]．

ロングレールの限界

しかしロングレールも無制限に採用できるわけではなく，おのずから限界がある．

まずせり出しの危険の大きい急曲線部分はロングレール化できない．木まくらぎでレールを取り付けている在来型の橋梁部分もそうだ．道床がなく，地球に拘束できないからである．また，結果的にやはり急曲線部分になるかも知れないが，摩耗が極度に激しく，せっかく敷設してもすぐに交換しなければならないような箇所も，コストのかかるロングレールには向かないだろう．

この他にも，どうしても継ぎ目の残る場所がある．それは第 1 に軌道回路による閉塞区間の境界にある絶縁継ぎ目であり，第 2 に分岐器の部分であり，さらに第 3 にレールの寸法の変わり目である（これは前項で説明した中継レールでいちおう解消されてはいるが）．

ご承知のように，鉄道のレールには本来の車両を支え導くことの他に 2 つの役割が付与されている．まず 1 つは電化区間において車両が架線から集電した電流（帰電流）を変電所に戻す戻り道となること，もう 1 つは，2 本のレール各々で信号系の交流回路を形成することである．この第 2 の役割りのため左右のレールは互いに絶縁されており，車両によってこれが短絡されて回路が閉じると，後方に赤信号が現示される．軌道回路を使用した信号システムは信頼性の高いすぐれた方式であり，走行用の鉄レールを持たないモノレールやゴムタイヤ式の鉄道では，軌道内にわざわざセンサ等の列車検出手段を設置しなければならないのである．

[*4]『鉄道ピクトリアル』第 77 号（1957 年 12 月）巻頭に解説記事がある．

写真 3-13 絶縁継ぎ目
継ぎ目板の裏面およびレールの突き合わせ面に絶縁材が挿入されている．これは西武所沢駅側線のもの．

写真 3-14 接着式絶縁継ぎ目
継ぎ目板も当てられているが，継ぎ目全体が樹脂で固められている．京急生麦駅構内．

信号回路のため，閉塞区間の境界，すなわち信号機の建っている位置ではレールは長手方向にも絶縁されている．列車の運転密度により，都市部などでは数百 m 間隔にこの境界が存在する．ここでの絶縁は交流・低圧の信号電流に対してのみであり，帰電流は通さねばならないから，継ぎ目板との間に絶縁材をはさんだ絶縁継ぎ目でレールを絶縁した上で，インピーダンスボンドという機器を通して直流だけを流す仕組みである．高木　亮氏「鉄道を「聴く」趣味」(『鉄道ピクトリアル』第 616 号 (1996 年 1 月)) によれば，インピーダンスボンドの容量が不足していたり，設置場所が遠くて絶縁継ぎ目の両側に電位差が生じたりすると，走行車両を通じて両側 (左右両側ではなく，進行方向の両側) のレールが瞬間的に短絡され，継ぎ目部分のレールに電食摩耗という現象が発生するという．

　このように，以前はまず信号機の間隔によってロングレールの長さが限られるものとされていたが，これを乗り越える工夫もいろいろ試みられており，そのひとつが「接着式絶縁継ぎ目」である．これは従来の絶縁継ぎ目のシート状の絶縁材に代わって樹脂を使用し，いわばレールの隙間を樹脂で固めたようなもので，補強のため従来のような継ぎ目板も併用しているが，車輪の落ち込みはなく，ジョイント音はほとんど発生しない．

　もうひとつはレールを切断せず，電気的に車輪の通過を検出する「無絶縁方式」である．軌道回路におけるごく僅かの電位変化を検知するいわば高感度のセンサを置いているわけだが，センサというものは感度が高い程ノイズも多いという宿命があり，天候により検知感度が変化し，50 m 位列車が進入しないと赤信号が出ないなどという現象も起きるので，安全上の影響の大きい「場内信号機[*5]」には使用できないのだという．

　あと，どうしてもレールに継ぎ目が残るのは，分岐器の部分である．分岐器はそれ自体単独に組み立てられる機械装置であるから，交換等を考慮すると前後のレールと溶接するわけにはいかない．また分岐器自身の内部にも必ず継ぎ目がある．さらにクロッシング (4 章参照) の部分で左右のレールが交わるから信号回路はここをバイパスさせる必要があ

[*5) 停車場の入口に建てられ，列車の進入の可否を指示する信号機．

り，絶縁継ぎ目も必要となる．

　分岐器は軌道の弱点部分でもあり，またこれがあるとダイヤ上の自由度が増える（それだけうっかりミス発生の可能性が生じる）ことから運転屋さんに目の敵にされているふしもあり，近年，日常使用しない渡り線などがどんどん廃止されて減少傾向にある．しかし渡り線の有無が災害復旧の際等に大いに関係するので，あまりなくしてしまうのは考えものだ．

　首都圏のJRではこのところ人身事故が多いが，発生の都度例えば東京〜立川間などを気前良く運休してしまうのには驚く．反省の声もあるようだが，昔はもっと小まめに折り返し運転をやったものだ．これがやれないのは乗務員や車両のやりくりなどの問題もあるが，渡り線が減ったことにも原因のひとつがある．

　1993（平成5）年8月にJR御茶ノ水駅構内で線路陥没事故が発生したとき，総武緩行線の電車は30時間にわたり飯田橋〜西船橋間が全面ストップしてしまった．気がついてみたら，この中間の13駅には御茶ノ水を除いて全く渡り線がなく，部分開通させることができなかったのである．少なくとも昭和30年代までは，小岩，市川，下総中山の各駅で上り方面に折り返す定期列車があった他，貨物営業の関係もあって，秋葉原，両国，錦糸町，亀戸，平井，新小岩の各駅にも渡り線があった．ひと昔前の鉄道写真を見ていると，思いがけない駅に渡り線があったのがわかったりして面白い．

レールの溶接

　レールの溶接には，ガス圧接，フラッシュバット溶接などの電気溶接，テルミット溶接の3種類が実用化されている．このうちガス圧接とフラッシュバット溶接はレール同士を押しつけて加熱するいわゆる圧接法で，かなりの設備を必要とするので，主としてレールセンター等の工場内で行われる．ただし現地用のポータブルガス圧接機も開発されている．敷設現場の線路脇で行われるのはわが国では主としてエンクローズ溶接などのアーク溶接であるが，ヨーロッパではテルミット溶接が多い．

　テルミット溶接は電気を使わない現場向きのユニークな溶接法である．1991（平成3）年の夏，筆者は当時連続立体化工事中だったジャカルタ市内中央線で行われていたテルミット法によるレール溶接作業を見学する機会を得た．まだ電源のない高架橋上で行われているレールの溶接作業は大変興味あるものであった．写真とともに少しくわしく説明してみよう．

　テルミット thermit というのは，熱を意味する thermite（サーマイト）から名付けられた商品名が語源である．鋳型内に両側のレール端部を挿入し，上部のるつぼにテルミット剤と呼ばれる薬剤を入れて点火すると，発生した溶けた鉄が鋳型内に流入してレールが接合される．テルミット剤は酸化鉄とアルミニウム粉末を混合したもので，例えば

$$3Fe_3O_4 + 8Al = 9Fe + 4Al_2O_3$$

というような反応が起こって，溶融鉄とスラグが発生するのである．異物の巻き込みのある始めの滴下部分はレール部分の両脇のパイプ内に誘導されて断面部分には残らず，また最後の部分はスラグと共にるつぼ内に残り，健全な部分だけがレールに溶け込む．最初に点火するとあとは反応が継続するので，薬剤がすべて反応するまで放置しておけばよい．

　レールの大きさによって1カ所当たりの薬剤量が決められている．注意事項としては初めに両側のレールを鋳型にセットするときの芯出し，るつぼおよび鋳型内のガスバーナによる乾燥，レールの予熱位のもので，これらの条件を守れば，溶接完了後所定時間そのまま放置することにより押し湯とスラグによって保温されるから徐冷などの冷却温度管理も不要で，きわめて単純な作業のみで行えるすぐれた溶接法である．

品質的にも決して信頼性の低い技術ではなく，同一条件で溶接したサンプルの材料試験も適宜行えばよいし，コスト的にも使い捨ての鋳型と1回分袋入りのテルミット剤を1ヵ所毎に消費するだけだが，テルミット剤は鉄スケール（さび）とアルミの粉だからそれほど高価ではないだろうと思われる．特に電源が不要でガスバーナだけあればよい，というのは魅力的である．

写真 3-15　レールの溶接部
継ぎ目板用のボルト孔が残っている．

テルミット溶接の実例

1991（平成3）年，ジャカルタ市内の高架線建設現場で．

写真3-16　その1
レール端部をあらためて切断する．

写真3-17　その2
治具を取り付けて両側のレールをセンタリングする．

写真 3-18　その 3
るつぼ．この中に薬剤が投入される．

写真 3-19　その 4
鋳型を箱から取り出す．

写真 3-20　その 5
鋳型を接続位置に組み立てる．

写真 3-21 その 6 高架橋上での作業.

【薬剤に点火する】

写真 3-22 その 7 るつぼから溶けた鉄が鋳型内に流下している.

写真 3-23　その 8
金枠を解体する．

写真 3-24　その 9
ハンマで叩いて鋳型を取り外す．

写真 3-25　その 10
溶接部分．両側の棒状のものは除去する．

レールボンド

　レールには，電車から変電所へ戻る帰電流（本来，パンタグラフで集電したのと同じ量の，高圧電流だ）と，信号回路用の低圧電流とが流れている．これらの電流はレールの継ぎ目を通って流れなければならないが，継ぎ目板やボルトなどは素直に電流を通さないので，レールの継ぎ目部分には，継ぎ目の両側を結んで「レールボンド」という銅線が取り付けられている．

　レールをうまく電流が流れないと，電流は大地を通って変電所へ戻ってしまう．大地にも電流の流れやすい部分と流れにくい部分とがあり，たとえば水道管やガス管などが埋まっているとここを流れてしまい，いわゆる電蝕を起こして配管に孔があくので，昔の路面電車などは市街地では架線を2本使用して，レールに電流を流さないようにしていた程である．

　レールボンドには鉄道会社によって，長いものと短いものとが見られる．長い方は，継ぎ目板よりも外側の，レールのウエブ（腹部）に設けた孔に先端を差し込んで固定してある．短い方は両側のレールの外側の上フランジの間に，U形のものがろう付けしてある．短い方が高価な銅を節約できて経済的だが，レールが磨耗し，ひっくり返して反対側を使うとき，ろう付けを剥がし，跡をきれいに手入れしなければならない．

　最近，金属類の盗難がよく報道されている．中には寺院の銅葺きの屋根瓦がごっそり盗まれたり，高潮対策のステンレスの防潮扉が盗まれたり，金属とあれば見境なく被害に遭っている感じがする．実はレールボンドも時折やられるようであるが，盗難対策としてはせめて短い方のものを使用しておけば盗み甲斐がないし外しにくいのではないだろうか．

4章　分岐器

両開き（手前）と片開き分岐器（JR上野駅）

本論に入る前に，先ず図4-1を見て，構造と名称を頭に入れておいて頂きたい．

この図は，JIS（日本工業規格）E 1303「鉄道用分岐器類」の冒頭に掲げられているものだが，もっとも一般的な片開き分岐器を例としている．

分岐器の問題点

鉄道車両はレールの導くままにどこまでも走るものであって，右へ行きたい，左へ行きたいといって自分で舵を切ることはできない．しかし現実には車両の進路を右か左に分けようとする必要が生じる．そのような位置には，分岐器が設けられている．分岐器は，土木構造物である軌道（鉄道線路）の中でほとんど唯一，「機械」といってよい部分である．

それだけに，勾配や曲線などという地勢上の制約箇所や，前記のレールの継ぎ目などというものとはまた別の意味で，分岐器は線路にとってのウィークポイントである．1998（平成10）年のドイツのICE列車事故や2000（平成12）年の地下鉄日比谷線事故は，いずれも直接の原因は分岐器ではないけれども，大惨事になってしまったのは，そこに分岐器があったからである．

ではなぜ分岐器が問題なのか．その理由を挙げてみよう．
1) 進路の切り換えを行うのであるから，動く部分とこれを動かす機構とを持っている．したがって，誤動作すれば重大事故を引き起こすし，凍結等でこれが動かなくなると直ちに列車の運行が不能になる．
2) 動く部分を別にして，常に2方向に車輪の通り道が形成されている．「異線進入」のお膳立てができているのである．これが前記の大事故の伏線である．
3) 分岐器内に必ず曲線を持っている．しかし，追って説明するようにこの曲線には「カント」や「緩和曲線」が付けられないから，一般の曲線に比べて質の悪い曲線であるといえる．
4) クロッシングの軌間線欠線部（後述）をはじめとして，短い区間にレールの継ぎ目が集中している．
5) 1基だけで設けられることは少なく，分岐器が連続するような場合が多い．特に「渡り線」などは一対の分岐器を組み合わせて敷設するのが原則だから，ルートは必ずSカーブ状になる．

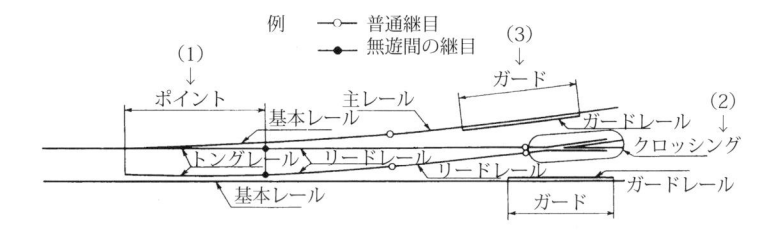

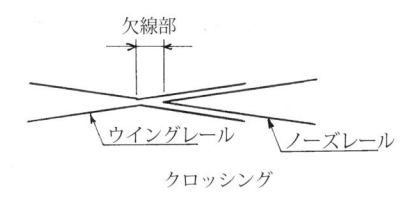

図 4-1 分岐器の構造と各部の名称
注目したいのは (1) ポイント, (2) クロッシング, (3) ガードの 3 ヵ所である.
(JIS E 1303 付図より, クロッシング部は筆者)

4章 分岐器

写真 4-1 トラバーサ
路面電車の車庫や車両工場などによく見られる. (都電柳島車庫, 1972 年 10 月)

6) 詳細は省略するが，レール間の絶縁，導通といった信号回路上の観点からも分岐器は問題が多い．

なお，直線側を走る列車については，上記3)と5)はとくに問題はない．

これだけの難点があっても分岐器はなくてはならない便利なものであるから，必要最小限に設置し，通過する列車に対しては適宜速度制限を加えることで対処する．幸いなことに，通常分岐器が設置されるのは駅構内や車両基地など，列車速度の低い区間であるから，速度制限もあまり苦にならないことが多い．しかし追い抜き駅における通過列車など，駅構内とはいえ減速したくない場所も少なくない．

なお，ターンテーブルやトラバーサなども広い意味では車両を別の線路に移す機能を持っているが，長編成のままで移動できないとか一旦停車させなければならないなど，使い勝手の上で比較にならないほど制約が大きいので，駅構内や車両基地など，限られた場所でしか使用されていない．（東京都電荒川線の荒川車庫は，敷地の地形の関係で分岐器が使用できず，車両の出し入れをすべてトラバーサのお世話になっている珍しい例である．）

分岐側と直線側

分岐器にはその分岐する方向によって，片開き，両開き，振り分け（両開きだが両側の角度が異なる），曲線分岐器などの種類があるが，分岐器に付随する曲線をできるだけ少なくするには，分岐器を片開きとして，通常列車が通行する側を直線とすることが好ましい．よく言われる「1線スルー」[*1]という構内配線はこれを徹底させたものといえる．

分岐器は直線側といえども一般部分に比べれば条件が悪いわけだが，曲線側はさらに条件が悪い．通常，曲線には円曲線の両側に緩和曲線と呼ばれる曲率が徐々に変化する部分が設けられるが，分岐器内の曲線にはそのような余裕がない場合が多い．片開き分岐器の場合，分岐側では実にトングレールからいきなり曲線が始まるのである．さらに一般の曲線区間では外側レールをやや高くして「カント」と呼ばれる傾斜を設けるが，分岐器における曲線にはこれがつけられない．なぜなら，クロッシング部分は直線側レールと共用なので，曲線側のみを高くすることはできず，同一平面とせざるを得ないからである．

```
┌─ 留 置 線 ──────────────────────────┐
```

線路の鉄粉

　昔は，線路の砂利といえばさびた鉄粉におおわれて赤茶色をしていたものだが，最近のバラストは石の色のままだ．これは車両のブレーキ方式が進歩したためである．

　昔のブレーキは，鋳鉄製の制輪子（ブレーキシュー）を車輪の踏面に押しつけて作用させていた．鋳鉄は車輪の鋼よりも柔らかいから，列車がブレーキをかける度に磨耗して，粉が周囲に飛び散っていたのである．ところが1950年代後半に「レジンシュー」などの合成制輪子が登場して，鋳鉄製にとって代わるようになった．摩擦係数が高い上，速度に対する特性がすぐれる点などが評価されたためである．さらに最近になると，電気制御方式の発達によって発電ブレーキが当たり前になり，踏面にものを押しつける必要が減少した．新京成電鉄などで採用されている「純電気ブレーキ（全電気ブレーキともいう）」車では，ほとんど停止するまで電気ブレーキだけで用が足りるので，もはや停止段階で粉が発生することはほとんどないのである．その結果，道床の砂利はいつまでも砂利本来の色をしているというわけだ．

```
└──────────────────────── 留 置 線 ─┘
```

＊1）通過列車の線路を極力直線に近づけ，退避線などの線型を犠牲にする構内配線の手法．

分岐器の向き

 分岐器には向きがある．これから分岐する側，つまりトングレールの尖っている方が前，2本に分かれた，クロッシングの側が後である．列車から見て，前側から進入する分岐器を対向分岐器，後側から進入するものを背向分岐器とよび，後者は異線進入のおそれがないから対向分岐器よりも安全である．しかしものは考えようで，対向分岐器の場合，列車が思わぬ方向へ進んでしまうことはあっても分岐器が壊れることはないが，背向分岐器の開通していない側からむりやり列車が進入すれば，ポイントを壊してしまう．これを「割り出し」という．

クロッシング角

 分岐器には，片開き分岐器，両開き分岐器などの形式による種類の他に，クロッシング角（V字の開き角，言い換えれば本線と分岐線とのなす角度）θ，あるいは

$$N = 1/2 \cot(\theta/2)$$

で定められるクロッシング番数Nによる種類がある．
 例えば閑散線区などでよく見られる8番クロッシングはクロッシング角θでいうと7°09'，幹線区間でごく普通の16番クロッシングは$\theta = 3°34.5'$である．3°といえばずいぶん小さい角度のようだが，線路で見ると決してそうではない．
 北陸新幹線が上越新幹線と分岐する高崎駅遠方には，32番というわが国では最高クラスのものが設置されている．これは，分岐側といえども新幹線の本線であり，速度制限を付けたくなかったためであろう．
 クロッシング角は，小さいほど，乗り心地の点では好ましいが，従来型の分岐器の場合異線進入が起こりやすくなり，またノーズレール先端部の強度も低下するし，分岐器の全長が長くなって用地が不足するなどのこともあるので，小さければよいというわけでもない．

写真 4-2
組み立て式クロッシング
床板の上にリベット止めで組み立てられている．Ｖ字形のノーズレールの先端角度がクロッシング角である．

写真 4-3
マンガンクロッシング
全体が一体に鋳造されており，耐摩耗性にすぐれ，狂いも少ない．

写真 4-4
溶接クロッシング
(8 章参照)

定位と反位

　分岐器の状態は，ポイントレールがどちらを向いているかで定位，反位という呼び方をする．常時開通している方向が定位である．片開き分岐器でいえば，一般には直線側に開いているのが定位といってよいだろう．分岐器は必要あるときのみ反位にするが，必要がなくなれば直ちに定位に戻すのが原則である．

　分岐器と連動して，線路脇にある標識灯のついた表示板が向きを変え，定位か反位かを表示する．表示板は定位が青色横白線の円板，反位がオレンジ色黒線入りの矢羽根形をしていて，色彩でも形でも識別できる．標識灯は定位が紫色，反位がオレンジ色なので，昔の夜行列車などでは駅に近づくと沢山の紫の光が車窓をよぎり，風情があった．過去形で書いたのは，近年，分岐器の状態が信号系統に組み込まれて個々に表示する必要がなくなったので，こうした表示板や標識灯が姿を消しているからである．

　表示板や標識灯に代えて灯列式の入換標識が使用されることもある．

構造から見た分岐器の弱点部分

　分岐器は，進路を切り換えるため左右にスライドするポイント部分，分かれた線路の内側のレールが交差するクロッシング部分，これらの中間のリード部分の3つの部分から構成される．ポイントは転轍器ともいい，ここにある先端のとがったレールをトングレールという．ポイントは，上記の問題点を内在する分岐器の第1の弱点部分である．

　トングレールは，断面も小さく先端では底部も片側しかないなど，単独では到底列車を走らせるだけの強度のない半端なレールであるが，幸い基本レールから離れた状態で列車が通ることはなく，必ず基本レールに押しつけられた状態で使用されるからよいようなものだが，スライド板（用語としては「床板(しょうはん)」）の上に載っている状態だから直接まくらぎに締結されている通常のレールよりは不安定である．

　一方，左右のレールが交差するクロッシング部分には通常，車輪のフランジが通過するフランジウエイと呼ばれる溝が両方向に向けて切られており，進行方向に対して斜めではあるが，継ぎ目などよりもはるかに

写真 4-5
表示板と標識灯
一斉交換でお払い箱になったものが並んでいる．新京成電鉄のくぬぎ山車両基地で．

写真 4-6
入換標識
前方に見える引き上げ線の分岐器に対するもの．反位のときは左下と右上が点灯する．

写真 4-7
ポイントとトングレール
2本のトングレールは連結されており，その部分が転轍機に接続している．

4章　分岐器

大きな隙間（フランジウエイの標準幅は42mm）である．ここが「軌間線欠線部」と呼ばれる分岐器の第2のウィークポイントである．

　昔のクロッシングは鋼製の床板の上にレールを並べた「組み立て式」であったから，ゆるみによって隙間が増大するおそれがあった．近年はこの部分を一体に鋳造する鋳造クロッシングや溶接構造のものなどが主流となっている．重要線区では特に耐摩耗性にすぐれた高マンガン鋼鋳造品などが使用される．

　通過速度を上げる目的で分岐角度の小さい（クロッシング番数の大きい）分岐器を採用すると，クロッシングの溝で車輪が異線進入する危険性も大きくなるので，直線側といえども速度制限を設けざるをえない．そこで，東海道新幹線建設にあたって，クロッシング部のノーズと呼ばれる尖った部分をポイントと連動してウイングレールに押しつけ，開通方向のレールについて軌間線欠線部をなくすようにした「ノーズ可動クロッシング形分岐器」が開発され，時速200キロの「ひかり」が全く減速せずに「こだま」を追い抜くという離れ業が可能となった．現在では新幹線以外でも，高速運転を行う区間についてこの分岐器が採用される傾向にある．

　なお，クロッシングにおける軌間線の切れ目において車輪が違う方向に進入しないよう，外側の主レールの内側にはガードレールを設けて，車輪のフランジの裏側がこれに規制されて正しい方向に進むようになっている．現実の分岐器を観察すると，このガードレールの側面はピカピカに光っていて，実際に車輪が当たっていることがわかる．

もうひとつのクロッシング

　分岐器の部品であるクロッシングの他に，2本の線路が交差する線路構造もクロッシングという．ある角度でX字状に交差する「ダイヤモンドクロッシング」がその代表である．可動部を有するかどうかで，固定型と可動型との区別もある．ダイヤモンドクロッシングの片側に渡り線を設けたものがシングルスリップ（―――スイッチ），両側に設けたものがダブルスリップ（―――スイッチ）である．

　平行する2本の線路，例えば複線の線路の中間にダイヤモンドクロッシングを設けた線路構造がシーサースクロッシング（現場用語がそのま

写真 4-8 鋳造クロッシング
これは都電荒川線の渡り線で，50 kg レール用.

写真 4-9 可動型クロッシング
新幹線以外でも京急生麦駅の追い抜き線などで見ることができる.

ま JIS の正式用語になってしまったが，英語では scissors crossing）で，終端駅によく見られる．切り換え機能を持たないものも含めて，これらは一応分岐器の仲間といえる．

　直角に交わるクロッシングもある．斜めに交わる線路は通常同じ路線同士であるが，路面電車の十字路は別として，直角に交わる 2 本の線路は互いに交流のない他の路線であることが多い．

　直角だとフランジの通り分だけレールが切れていて車輪が大きく落ち込むので衝撃が大きく，かつ車両が乗り移ることもできないから，直角の交差というのはよくよくやむを得ない場合のほかは設けないものらしい．過去の例では阪急西宮北口における神戸線と今津線（今津線を分断して平面交差をなくした）や，京阪と京都市電（何箇所かあった．京都市電の廃止により消滅），福岡市薬院の西鉄大牟田線と市内線（同じく市内線の廃止により消滅）などが思い出されるが，現役では松山市大手町における伊予鉄高浜線と市内線（双方とも複線），名鉄築港線大江付近の名古屋臨海鉄道との交差（双方単線）が健在のようだ．

　ところで分岐器の中にあるクロッシングの V 字部分，すなわちノーズレールが左右に動いて切れ目をなくすものが前記した「ノーズ可動クロッシング形分岐器」であったが，ダイヤモンドクロッシングにも K 字部分の動く可動形がある．どんなところにこれが使われているか探してみると，ダイヤモンドクロッシングとしてはありふれた使用例であるシーサース中央の K 字クロッシングなどはほとんどが固定式で，可動式はほとんど見られないのに対して，本線同士が斜めに平面交差する部分，例えば複線の線路が平面で分岐する場合には必ず 1 ヵ所ダイヤモンドクロッシングが必要だが，そのような，いずれの方向も列車がかなり高速で通過したいようなところには，K 字クロッシングを可動式としたものがよく見られる．1 組のダイヤモンドクロッシングに転轍機が 2 組必要で，列車の方向を切り換えるわけでもないのにこのクロッシングは通過する列車の方向に合わせて動かなければならない．本線同士の交差部分では，仮に固定クロッシングであっても信号回路としてはいずれか一方の線しか開通していない筈だから，可動クロッシングもこれに合わせて動くのである．

写真 4-10
ダブルスリップ
ヨーロッパに多いようだ．これはフランスのリール駅構内．トングレールを動かしてシンメトリイにしてみたい誘惑にかられる．

写真 4-11
阪急西宮北口のかつての風景
電車は神戸線，左右を横切るのは今津線である．
(1976 年撮影)

写真 4-12
郊外電車と市内電車の平面交差
福岡市薬院のかつての風景．架線も交差している．その後市内線は廃止され，大牟田線は高架になった．
(1975 年撮影)

4章 分岐器

可動部分の多い分岐器

　一組の分岐器（広義）で最も可動部分の多いのは，ダイヤモンドクロッシングの両側に渡り線のあるダブルスリップであろう．さらにその内側のクロッシングが可動式ならば，もう最高である．ところがこれが結構あちこちに存在するのには驚く．普通のダブルスリップでも可動レールは4組（転換装置は2基）あるわけだが，さらに可動クロッシングとなると可動レールが2組増えるから合計6組となり，線路脇の転換装置の設置スペースだけでも大変である．似たような機能を有するシーサースの場合も内側のクロッシングが可動式なら同じようなことになる．

可動レールの温度伸縮

　『鉄道ピクトリアル』誌 No.734「京王電鉄」臨時増刊，「鉄道保安装置に懸命に取り組んだ日々」（渡邊武彦）に，調布駅の本線同士の平面交差部分[*2]の可動形ダイヤモンドクロッシングで，可動レールの温度伸縮によって起こる転換不能の苦労話が詳しく説明されている．考えてみれば可動クロッシングというのもかなりやっかいな代物である．可動クロッシングの可動レールは，勿論車輪が通過する際の衝撃を緩和するためにわざわざ可動式にして隙間をなくしているのだが，一見，普通の分岐器に見られるトングレールと同じようでも，先端の角度を見ると全く事情が異なっている．通常のトングレールは，頭部の幅を仮に65 mm（50N レール），斜めに削られている部分の長さを5,751 mm（16番）とし，直線で削られているものとすると，先端の角度 θ は，

$$\tan \theta = 65 / 5751 = 0.0113$$

という値となって，θ は 1°にも満たない微小な角度であることがわかる．ところが，可動クロッシングの場合の可動レールの先端角度は線路の交差角度そのものであるから8番で7度09分，10番でも5度43分という角度になる．ロングレールの伸縮継ぎ目を考えればわかるように，

[*2) 現在行われている京王線と相模原線との地下複々線化工事によりこの平面交差は解消される．]

写真 4-13
可動式ダイヤモンドクロッシング
本線同士等の重要部分に使用されるが，可動レールの先端角度は大きい．京成高砂駅構内．

写真 4-14
クロッシング可動式ダブルスリップスイッチ
クロッシング部分が可動式になっている．向こう側にも同じものが並んでいる．JR上野駅構内．

写真 4-15
可動式ダブルスリップとシーサースとの組み合わせ
シーサース部分のクロッシングをあと2ヵ所，可動式にできないものでもない．京急品川駅構内．

微小角で削ったトングレールというものは，長さ方向にかなり伸縮してもゲージ方向にはほとんどせりだして来ないのだが，5度や7度という角度になるとそうではないのだろう．レールが伸びたりずれたりして可動レールの先端が所定位置に収まらないと鎖錠ができず，信号も変わらないという事態になるのである．そういう意味ではトングレール以外に可動部分がなく，クロッシングも鋳物で一体に鋳造されているような分岐器なら乗り心地は悪くても一番故障が少なく信頼性が高いということになる．

軌間線欠線部

クロッシングには，車輪のフランジの通り道が2方向に開口している．したがってこの部分では，軌間を表わす仮想線上にレールがない，いわゆる軌間線欠線部が存在する．ただし切れ目が進行方向に対して斜めだから車輪がこの隙間に落下するわけではない．図4-2は普通の分岐器のクロッシング（これをここでは「V字クロッシング」と呼ぶことにする）を，あえて一方向だけ光らせて描いて見たものである．一方，図4-3はダイヤモンドクロッシングなどに見られる「K字クロッシング」である．一見，かなり違うもののように思うが，片側の車輪だけの通り道として見ると，ほとんど違いがないことがわかる．

ただ，通常の分岐器では車両から見て左右いずれか片側のレールには切れ目がなく，危険なのは片側の車輪だけであるのに対し，ダイヤモンドクロッシングでは左右両側の車輪ともに同じような切れ目を通過しなければならない．

写真 4-16　調布駅の平面交差
高尾方から進入するする新宿行き特急電車．相模原線の電車の接近しているのも見える．

図 4-2　普通の分岐器のクロッシング　　　　図 4-3　K字クロッシング

4章　分岐器

問題点をなくす構造上の試み

その1　弾性ポイント

　トングレールを動かす機構を，転換装置という．これは章をあらためて詳しく観察する．トングレールに続く後方の動かないレールがリードレール，トングレールが接する外側のレールが基本レールである．基本レールは少なくとも分岐器の内部においては継ぎ目のない1本のレールとすることができるが，トングレールとリードレールとの境目，つまり動くレールと動かないレールとの間には継ぎ目が必要である．しかし近年これを1本のつながったレールとし，継ぎ目に相当する位置の底部フランジを切り欠いて弾性変形させるようにした「弾性ポイント」が開発されて，分岐器における継ぎ目を1つ減らすことができた．

その2　鈍端ポイント

　斜めに削ったトングレールを使用しない，という意味で好ましいのは「鈍端ポイント」と呼ばれるものである．しかしあまり普及していないところを見ると，動く部分の重量が増えること，レールの切れ目が増えることなどが嫌われているのだろう．

　写真4-18は京成で改軌工事の際に使用された4線軌道用の特殊な鈍端ポイントである．このような例を除くと，現在のわが国で鈍端ポイントを見かけることはまずないといってよい．しかしあまり使われなくても存在は認められていると見えて，JIS E 1311「鉄道－分岐器類用語」には「207－鈍端ポイント」としてちゃんと図入りで記載されている．

　ところで以前[*3]，東京ステーションギャラリーで開催された「鉄道と絵画」展を見ていたところ，John Cooke Bourneという人のロンドン&バーミンガム鉄道の石版画が展示されており，1837年と年号の入った駅構内風景にはやぐらに乗った転換装置とともに鈍端ポイントが正確に描かれていた．

---

*3)「描かれた旅とロマン－鉄道と絵画」2003（平成15）年9月，東京ステーションギャラリー．

写真 4-17
弾性ポイント
トングレールとリードレールが1本につながっているが，動きやすいようにその境目部分の下フランジが削られている．

写真 4-18
鈍端ポイント
1,372mmから1,435mmへという京成の改軌工事の際に4線軌道部分で使用された．トングレールを入れる余地がないという，特殊なケースである．
(1959年撮影)

写真 4-19
オーストリアにある鈍端ポイント
リンツのESG鉄道, Berg Bhf. で．
(1999年12月, 久保 敏氏撮影)

考えてみると，鈍端ポイントの転換部分はレールを切断するのみで斜めに削らなくてもよいから，高度な機械加工なしに製造することができ，現在のようなトングレールを使用する分岐器が登場する以前からひろく使用されていたものかもしれない．

JIS に図示されている鈍端ポイントは図 4-4 のような構造で，鈍端レールの先端側を転換する．

写真 4-19 は久保　敏氏撮影のオーストリア，リンツの ESG 登山鉄道のスナップであるが，図 4-4 と同じ鈍端ポイントが写っている．実はこの鉄道は以前，ケーブルカーのような両側にフランジのある特殊な車輪を（両側とも）使用していた．したがって，通常の分岐器は通過できず，このような特殊なものが採用され，現在も使われているというわけである．なお，クロッシングの部分にもご注目いただきたい．両フランジ車輪では通常のクロッシングも通過できないから，ここも転換式になっている．

ところで，一般の書物で鈍端ポイントが記載されている場合，図 4-5 のものが多い．先端側を関節として，リードレール寄りの部分が動くのである．前記の石版画はこちらである．どちらでも鈍端ポイントには違いないが，図 4-5 のものは鈍端レールが 2 本だけでよいので，構造がより簡単である．

その 3　可動クロッシング

通常の固定式クロッシングでは，フランジの通り道を設けるため「軌間線欠線部」というものが必然的に発生し，分岐器の弱点のひとつとなっているが，これをなくすためにクロッシングの内部を可動式にすることがいろいろに考えられてきた．可動クロッシングにはノーズ可動式とウィング可動式の 2 種類がある．ノーズ（鼻端）はクロッシング後端側のとがったレール，ウィングレールはその外側のへの字形のレールで，前端寄りの車輪が乗る部分が動くのである．

図 4-6 は終戦後一時国鉄線で使用されたことのあるウイング可動形の例で，「ポイントの話」（篠原良男）（『鉄道ピクトリアル』No.24，1953 年 7 月）にはこれが写真とともに紹介されており，さきの ESG のものもこれに似ている．しかしこの分岐器には本質的な欠陥があることがわ

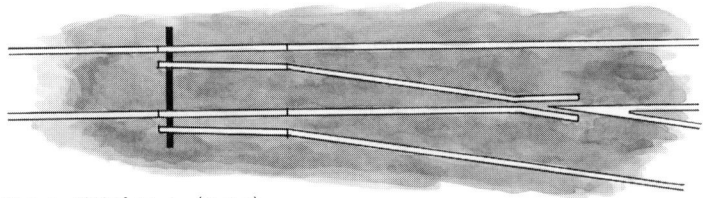

図 4-4　鈍端ポイント（その 1）

図 4-5　鈍端ポイント（その 2）

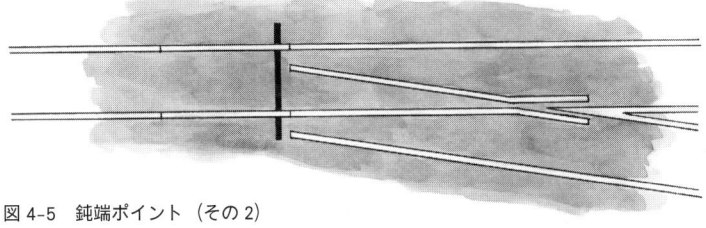

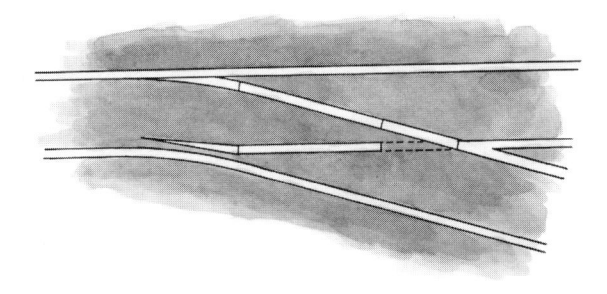

図 4-6　ウィング可動形クロッシング（その 1）

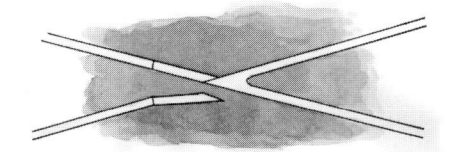

図 4-7　ウィング可動形クロッシング（その 2）

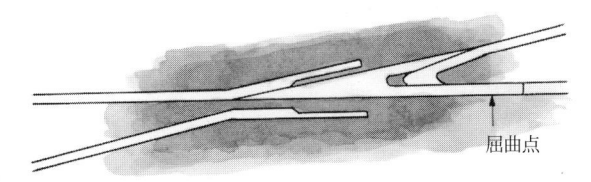

屈曲点

図 4-8　ノーズ可動形クロッシング

かり，事故も頻発したためあまり普及することなく姿を消したといわれる．

ここでクエスチョンだが，同じウィング可動形で，図4-7のようなものも考えられる．簡単でよさそうだが，なぜこれが実用されていないのだろうか．

結論から言うと，分岐器における転換レールにはある制約がある．車輪が走行するとき，レールには垂直荷重のほかに水平方向の力がかかる．一般に横圧と呼んでいるが，車輪踏面のテーパ，フランジなどの形状から横圧は必ず両側のレールを押し広げる方向，すなわち外向きに作用する．したがって，

「車輪が分岐器の可動レールを通過するとき，可動レールは必ず外側が「動かないレール」に押しつけられた状態でなければならない．」

ということがいえるのではないか．改めて図4-6を見るとこの分岐器ではこの原則に反している．転換位置にストッパ位はあるだろうが，高さの等しいレール程の頼もしさはない．図4-7のものも同じことで，可動レールが浮き上がりや上返りを起こしやすいこと，また温度変化や衝撃によってレールが長さ方向に伸縮したり移動したりすると転換が困難になるなどの欠点があり，好ましくないのである．

一方，現在新幹線を始めとする高速運転区間で採用されているノーズ可動クロッシングは図4-8に示すようなかなり複雑な構造であるが，そのおかげで前記の原則に適合しており，図4-6や図4-7のようなものの欠陥は完全に解消している．

写真 4-20　動くレールと動かないレール
動くレールは，車輪の横圧によって動かないレールに押しつけられる構造でなければならない．

分岐器の変わり種

分岐器の仲間ではあるが，どこか変わっているというものを探してみよう．

a. ガントレット

一見分岐器のようで，実はそうでない．ガントレット（gantlet）とは複線区間でトンネル等の障害物があるため複線分の線路幅がとれない区間に4本のレールを重複して敷設し，単線扱いで運転する区間をいう．その両端に，クロッシングのみでトングレールのない，つまり切り換えをしない分岐器まがいのものが設置されている．わが国では名古屋鉄道瀬戸線の堀川付近にあったものが有名である．名古屋城のお堀跡に敷設されたこの区間には，かつて3ヵ所のガントレットがあったが，内2ヵ所は第2次大戦中に撤去され，大津町～堀川間の1ヵ所のみが最近まで残っていた．現在では栄町を始発駅とする地下路線に切り換えられてこの区間そのものが廃止されている．

写真でおわかりのように，お堀にかかる煉瓦アーチの橋の径間が狭いため，鉄道側が遠慮してガントレットを採用したもののようで，わが国では大変珍しい存在であった．海外では，例えば道路のせまいリスボンの市電などに，現在も見られるらしい．

b. ケーブルカーの分岐器

これは形の上ではいちおう分岐器であるが，切り換え部分を持たないので，考えて見ればガントレットと似たようなものである．つるべ式のケーブルカーはすれ違い区間における2両の車両の通る側が決まっており，外側のレールに導かれるように一対の車輪は外側が両フランジ，内側がフランジなしの円筒車輪となっている．写真では「ケーブルの通り道」でレールが切れているので一見複雑に見えるが，構造は至って簡単である．

写真 4-21　ガントレット
名鉄瀬戸線のかつての名所．手前が堀川．（1971 年撮影）

写真 4-22
ケーブルカーの分岐器
動く部分がなくても車両をさばくことができる．箱根登山鉄道線．
（1994 年撮影）

c. 簡易分岐器

　前にもふれた近頃渡り線が撤去されてしまったことの余波として，保線等の作業用車両が基地を出入りしたり上下線をこまめに移動するのに不自由を来したので，本線と出入りする箇所にこれらの軽車両に限って利用できる簡易分岐器とでもいうべきものが設置されている．横取り装置ともいう．一般的なのはレールの脇にある板状のものが平素は裏返しになっており，使用する際に反転して本線レールの上にかぶせると，上面が分岐方向のレールになっているという構造である．クロッシングに相当する部分では車輪が本線レールを乗り越えて通過するので，本線レールには全く切れ目がない．残念ながら深夜等，営業列車の走らない時間帯しか使用されることがないので，筆者も実は使っている状態を見たことがない．

d. 三枝（さんし）分岐器

　通常，分岐器は2方向に進行方向を切り換えるものだが，この分岐器は1ヵ所から3方向に分けることができる．トングレールが2組使われ転轍機も2基必要で構造はやや複雑だが，通常の分岐器を2段に使用するよりはスペースの節約になる．したがって長さ方向の制約のある（車両デッキが3線の）鉄道連絡船の岸壁などに見られる．東急・大井町線自由が丘の踏切脇の猫の額ほどの留置線の入口にもこれがあった．

　これと似たものに，トングレールの位置をわずかにずらし，1基の分岐器の内部にさらにもう1基の分岐器を組み込んだ「複分岐器」がある．

e. 脱線分岐器

　分岐器の構造というよりも設置目的からくる名称である．行き違い駅の構内から単線の本線に出る部分などに設けられる．分岐線は安全側線ともいい，すぐに行き止まりで，車止めが設けられている．

　この脱線分岐器は，動きから見る限り安全側線側が定位で，列車が安全に通過してよいという瞬間だけ線路方向に向くので，本来の線路方向が反位である．したがってこの分岐器の場合，列車が進入するときに見えている表示板や標識灯は反位のオレンジ色だ．それなら脱線する方向

写真 4-23
保線車両用の簡易分岐器
あお向けになっている上板がかぶせられると乗り越え式分岐器になる．本線レールに切れ目はない．京成線大和田駅構内．

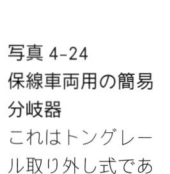

写真 4-24
保線車両用の簡易分岐器
これはトングレール取り外し式である．名鉄線神宮前駅構内．

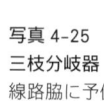

写真 4-25
三枝分岐器
線路脇に予備のトングレールが見える．転轍機が両側にある．東急大井町線自由が丘駅構内．(1997年撮影)

は定位だから青かというとそうではなく，危険の赤色である．それはそうだろう．定位方向に実際に列車が通ることはまずない，というところが分岐器として実に変わっている．

鉄道にとって列車同士の正面衝突というのは最悪の事故と考えられる．それに比べれば1列車が車止めに乗り上げて脱線するのは，はるかに軽い事故であろう．対向列車がこちらに向かっているとき，こちら側の列車が停車位置をオーバーしたり誤って発車しようとしても，本線には出ずに安全側線に入り，車止めの砂利に乗り上げて脱線するようにして大事故を回避するのがこの分岐器の役目である．

脱線分岐器は，実際に列車を通すとき以外，常に列車を車止めの方へ案内しているのだが，列車は決してその誘惑には乗らない．お茶の作法などで，亭主がお汁の3杯目のお代わりをすすめるのが型になっていても，客は決して「では…」などとその気になってはいけないのと同じである．

脱線分岐器は，構造的には普通の分岐器でもよいのだが，本線のレールに切れ目などを設けたくないので，本線側のレールにトングレールをかぶせ，クロッシング部分もレールの上を通るようにした「乗り越し形」のものがよく使用される．どうせ脱線する列車の乗り心地などかまう必要はない，というわけだ．

f. 脱 線 器

もはや分岐器とはいえないが，脱線分岐器と同じ役割をするもので，片側のレールに仕掛けられる．反対側のレールの外側に短い受けレールが沿わせてある．脱線分岐器と同じ表示板が設けられている場合もある．

g. リニア新幹線の分岐器

鉄レールによらない鉄道の分岐器の代表として山梨実験線のリニア新幹線の分岐器の写真をお目にかけよう．

分かりにくいがここは複線区間で，作業車がいるのが向こう側の下り本線，手前に上り本線があり，一番手前が駅入口を想定した分岐線である．分岐器のところでは大がかりな軌道桁全体が横移動して進路を切り換えるようになっている．

写真 4-26 脱線分岐器
定位（脱線方向）で表示板は赤．小田急線相模大野駅構内．
（この写真は裏焼きではない，念のため）

写真 4-27 脱線器
白色の部分が反転してレールにかぶさるのであろう．反対側のレールに乗り上げ用の外レールが設けてある．京王線府中駅構内．

写真 4-28 磁気浮上式リニアの分岐器
山梨実験線唯一の中間駅停車場の側線入口にある．走行桁の切れた先の部分が分岐器である．

4章　分岐器

理想の分岐器

さて，図 4-9 は，筆者の空想する「理想的分岐器之図」である．両端を除いて分岐器内部のレールには継ぎ目はなく，こわれやすい部分もない．分岐器内の曲線にはカントも付けられている．つまり前記の問題点をほとんど解消している．ただしこれを設置するには大がかりな設備と膨大な敷地を必要とするので実現性はきわめて低いと考え，折角のアイデアながら特許出願は行っていない．模型鉄道ならば実現できそうだ．

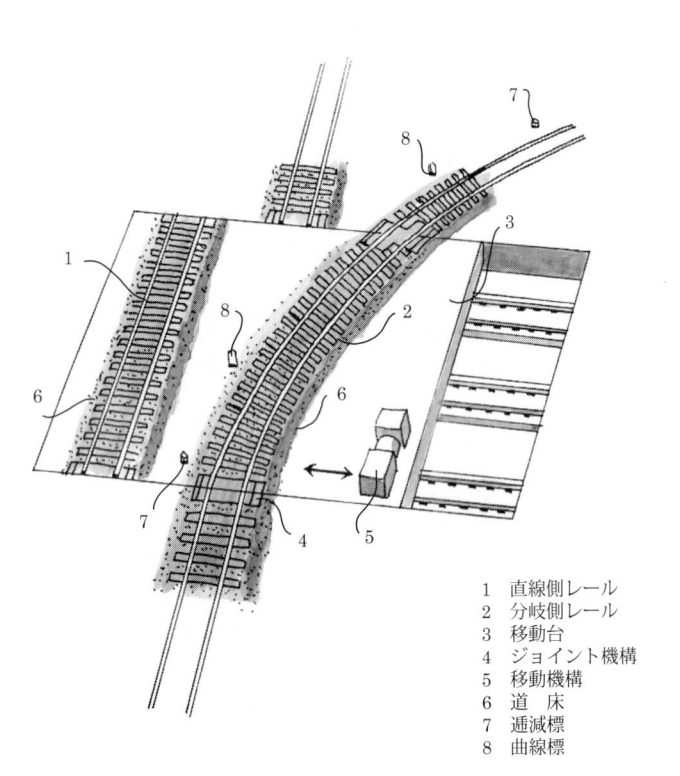

1　直線側レール
2　分岐側レール
3　移動台
4　ジョイント機構
5　移動機構
6　道　床
7　逓減標
8　曲線標

図 4-9　理想的分岐器之図

5章　転換装置

スイスで見かけた転換装置（MOB 鉄道　Gstaad 駅）

分岐器と転轍器

はじめに用語を整理しておこう．

JIS の用語集を見ると，［E 1001 線路用語］に，
「分岐器　軌道を二つ以上に分ける軌道構造．」
と書いてある．一方，［E 3013 鉄道信号保安用語］を見ると，
「転てつ器　線路を分岐させる部分の軌道構造．」
と書いてある．これではこの両者はどこがどう違うのかわからない，というのもごもっともだが，筆者は次のように解釈した．

前章で説明したように，分岐器というのは，列車を振り分ける先端のポイント部分，分かれた線路の内側レールが交差するクロッシング部分，これらの中間のリード部分の 3 つを合わせた総称で，英語では turnout という．

これに対して，転てつ器はポイントの別称である．英語では point, あるいは米語で switch という．分岐器の一部なのである．こう考えると，上の JIS の定義で，転てつ器には「部分」という語が入っているのが納得できる．

なお，「機」と「器」の使い分けについて聞かれた方もあるだろう．筆者は大学時代，動く部分のあるのは「機械」，動かないのは「器械」と教わったものだ．この分け方でいくと，分岐器は軌道構造だからよいとしても，動く部分であるポイントは「転轍機」と書きたくなる．しかし前記のとおり，JIS に「転てつ器」として記載されてしまっているので，これに従うこととした．なお，漢字をあまりにも平仮名に開きすぎるのは個人として好まないので，本書ではあえて「転轍器」と表記する．ついでだが，信号機は，どこも動かないようだが「機」である．これは昔の腕木式の名残であろうか．

ところで，ポイントを動かす機械のことを「転轍機」という場合もある．現に JIS に「動力転てつ機」という語も記載されていて，これは「動力によって転てつ器を動かす機械」と書いてあるのだから，機と器の使い分けは難しい．しかしポイントを動かす機械には別に「転換装置」という用語がある（JIS E 3013）ので，本書では以下この語を使用する．

転換装置の特徴

信号保安システムの一部として見た場合,「転轍器」と呼ばれているものは,
①転換装置それ自体の他に,
②実際にトングレールが動いて反対側の基本レールに密着したことを検出する回路制御器(密着照査装置ともいう),
③必要なとき以外トングレールが動かないように鎖錠する鎖錠装置
の3点セットで構成されている.

これら3者の関係をごく簡単な例で説明する.図5-1は複線路線の終点駅の線路が1本しかなく,分岐器が1基のみという簡単な配線である.列車を発車させようというときには,まず分岐器11を出発進路方向(反位)に転換する.分岐器11が正常に切り替わると回路制御器からOKの信号が来るので,出発信号機1Lの操作てこを「出発」(反位)にする.先行列車がつかえていない限り,出発信号機1Lの現示は「停止」(R)から「進行」(Gなど)に変わり,列車は出発できる.

転轍器を人間が直接操作し,手応えを確かめ,トングレールが切り替わったのを目視して合図の旗を振っていた時代はそれでよかったのだろうが,転轍器が遠隔操作になり,実際にポイントが完全に切り替わったかどうか確認できない環境においては,トングレールの位置を検出する回路制御器はどうしても必要である.

さて,出発信号機1Lが一旦「進行」を現示したら,列車が出ていってしまうまでは分岐器11が動いては困る.そこで鎖錠装置が必要になる.一般にはこの状態で分岐器を操作しても動かないという電気的な

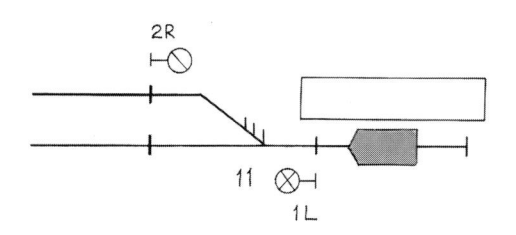

図5-1 分岐器と信号機との関係

ロックがかけられる．あえてこの分岐器11を動かしたい場合は1Lを定位に戻して出発信号を取り消し，R現示を出してからでないと鎖錠は解除されないのである．（実際にはすでに列車が出発しかかっている場合などを考慮して，解除にはさらに条件がつくが，今は省略する）．

　大きな駅の構内などは複雑な線路と多数の分岐器があるから，列車の進路に沿った関連する分岐器すべてについてこのような機能を系統的に制御する必要があり，昔はこれを機械的に連動させていて調整が大変だったが，現在では電子連動装置，あるいは継電連動装置等による電気的な論理構成によってスマートにさばいている（実例は9章を参照）．しかし反面，ロジックの組み方ひとつで目に見えない遠方からの指示のために信号が切り替わらないなどという現象の起きる原因ともなる．あの「信楽鉄道事故」も，調べて見れば連動装置の改造工事が招いた悲劇であったともいわれており，人間の「勘違い」を排除するための機械化が必ずしも万能でないことは，銘記しておく必要があるだろう．

留置線

鉄　道　草

　線路脇に生える雑草の代表で，北米から渡来した帰化植物でもあり，明治期に鉄道建設につれて全国に広まったので鉄道草，またの名を明治草(メイジソウ)，あるいは御維新草(ゴイッシンサ)という．正式な名前はヒメムカシヨモギで，キク科の2年草である．生命力が強く，丈は1m以上にもなる．線路脇はずいぶん歩いたから長年見慣れている筈だが，線路に近づいたり列車の写真を撮ったりするには邪魔なだけだし，あまり意識したことはなかった．小さな白い花といってもあまり美的感覚に訴える存在ではないのだろう．それでも俳句の方では秋の季語になっている．

留置線

転換装置のいろいろ

　転換装置の機構的な特徴として，必要な切り換えストローク（トングレールの移動量）よりも転換装置の方がやや余分に動き，最後のところは逃がし機構（エスケープメント）によって意図的にむだな動きをして不完全な切り換えをなくしていること，これと併せて，あいまいな中間位置では停止しないように配慮されていることが挙げられる．動力源としては人力，ばね，電気，電気指令による圧力空気などがある．

　以下，古そうなものから順に，いろいろな転換装置を眺めてみよう．なおいずれも名称は筆者の勝手な命名による．

1) 手動式転換装置

1-1) 重錘式

　手動式のうちでももっとも素朴な転換装置である．近頃大都会ではあまり見られなくなってしまったが，まだあちこちの駅に貨物側線や工場の引き込み線などがあったころ，もっともよく見かけた転換装置であった．「だるま」という名で呼ばれていたが，だるまよりも犬などがうずくまっている姿を連想させる．JISには「ポイントリバー（おもり付き），俗称・だるま」との記載がある．

　昔の貨物ヤードの操車係と呼ばれた人達は，推進運転や突放された貨車の先頭に乗っていて分岐器に近づくと飛び下りて転轍器を切り換え，目視で転換を確認して再び飛び乗り，後方の機関車に合図の旗を振ったりフートブレーキを踏んで貨車を停車させるというような危険作業を繰り返していた．よいしょとばかり重錘（おもり）を持ち上げて手を放せばよいので扱っている時間が短く，安全性を度外視すればこの転換装置はこういう作業には大変適していたわけである．

　さて図 5-2 は手で扱うおもり付きの転換柄と，これによって動くクランクの動作図である．クランクの下側の腕の先は，動作桿（桿は棒の意）と転轍棒を介してトングレールに接続している．クランクの腕の動きはトングレールの動きと同じ方向だから，これらは単に棒で連結すればよい．

　台（本体）には転換柄を取り付けるピン孔が 2 ヵ所あって，いずれか

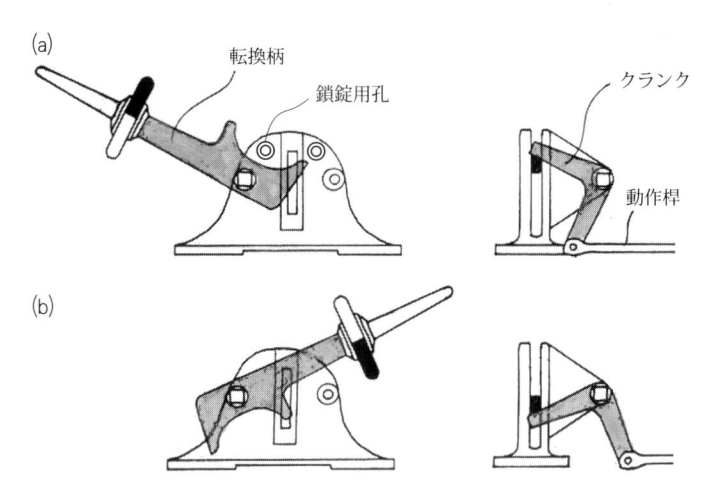

図 5-2 重錘式における転換柄とクランクの作動

一方を使用する．この図では左の孔を使用している．転換柄を右に倒すとクランクが押し下げられて動作桿が押し出され，左に倒すとクランクが持ち上がって動作桿は引き寄せられる．この図でいえば（b）に示した右に倒しておもりが引っ込んでいる状態（犬が首をすくめている形）が分岐器の「定位」，（a）の左向きのおもりが飛び出して柄の突起が見えている状態が「反位」であるが，設置位置によっては逆になる．おもりは上下に白黒に塗り分けられていて，定位では黒い方が下側になっている．直観的でわかりやすい．倒す向きを逆にしたいときは前記の逆側のピン孔を使用すればよい．

おもりのおかげで中途半端な位置は取らず，定位か反位かいずれかに転換される．クランクの回転範囲には余裕があり，トングレールが基本レールに押し当てられて停止する．トングレールには常時，おもりの重力が作用していることになる．

なお,柄を取り付けるピン孔のやや上方に,鎖錠用の孔が設けられている．ここにピンを差し込んで錠をかけておけば，いたずらなどを防止できる．

近年これが使われなくなった理由は，力仕事が嫌われてきたことのほかに，前記の回路制御器や鎖錠装置を設けにくいため，他の転轍器や信号機等との連携動作ができないことが挙げられる．したがって現在残っているのは列車運転と直接関係しない工場の中とか，保線機器用の側線などに限られる．

写真 5-1
重錘式転換装置
都内でこれを探すのは結構骨が折れるが，ちょっと地方へ行けばまだ現役である．小湊鉄道五井駅構内．はるか遠方まで同じ転換装置が見える．

写真 5-2
重錘式転換装置
回路制御器が併設されている例．本体の右側に見える箱がそうである．非電化時代の横河原線列車が停車する松山市駅．
(1963年3月撮影)

写真 5-3
回路制御器
トングレールの状態を検出して連動装置に電気信号を送るスイッチ．これでポイントを動かすのではない．動作桿は雪よけの木製の蓋の下にある．十和田観光電鉄七百駅構内．

5章 転換装置

103

1-2) 垂直方向ハンドル式

重錘式と同じように，上向きのハンドルをレール方向に倒してポイントを転換するものである．ハンドルとは，後から登場するレバーと区別するため爪の付かない単なる鉄の棒をこのように呼んだ筆者の苦しいネーミングである．おもりがついていないだけハンドルが軽い他は重錘式とほぼ同じレベルの機能なので，自動化までは必要としない構内の分岐器などによく見かける．

垂直軸まわりに標識板が90度回転するが，どの方向も円板で，列車の進行方向から見ると定位のときは下半分が黒，上が白，反位のときは下半分が白で上が黒という，重錘式と同じ表示になっているところが面白い．

1-3) 水平方向ハンドル式

分岐器の状態を示す標識灯と標識板の回転軸の下端の腕が動作桿に連結されており，回転軸にハンドルが取り付けられていて，このハンドルは常時は下に下りているが，これを持ち上げ，水平方向に90度動かしてポイントを転換する．90度の両端の位置ではハンドルは下に下げられるが，中間では上がったままだから，途中でやめる人はいないだろう．

ハンドルが下がった状態でピンを差して錠前をかけ，鎖錠することができる．

1-4) スプリングポイント（発条転轍器）

水平方向ハンドル式の動作桿とトングレールとの間にスプリングを入れ，トングレールを常時定位側に押しつけるようにした転轍器である．トングレールの方からスプリングに打ち勝つ力で押してやれば，反位側に転換させることができる．ということは，分岐器後方から進入する場合，定位側からは無論何の問題もないが，反位側の線路からでもトングレールを押し開いて（これも「割り出す」という）通過することができるのである．前方からは定位側だけに進む．

この機能を利用するスプリングポイントの典型的な使用例は，図5-3に示すように，単線区間における列車交換駅の行き違い線（機回り線もこれに似ている）と，列車の折り返しに使用する渡り線である．いずれも分岐器の前方から進入した列車は定位側へ，後方から進入した列車は

写真 5-4
垂直方向ハンドル式転換装置
レール間に見えるのは鎖錠装置．JR外房線蘇我駅構内．

写真 5-5　水平方向ハンドル式転換装置
転換標識と一体となっている．最近まで製造されていたらしく，標識灯には平成4年の刻印があった．小湊鉄道上総山田駅構内の，常用していない側線分岐部．

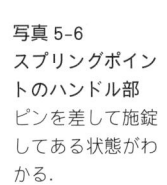

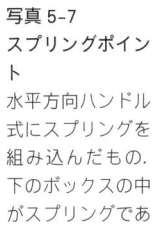

写真 5-6
スプリングポイントのハンドル部
ピンを差して施錠してある状態がわかる．

写真 5-7
スプリングポイント
水平方向ハンドル式にスプリングを組み込んだもの．下のボックスの中がスプリングである．小湊鉄道上総山田駅構内の本線部分．

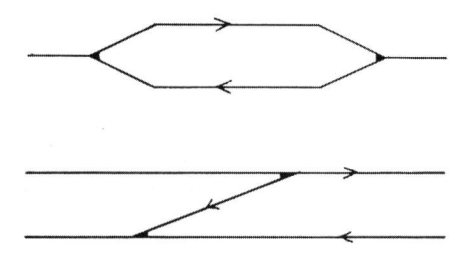

図 5-3 行き違い線（上）と
渡り線（下）

反位側から，というように列車の経路が決まっているからである．

なお，標識板は，定位側の円板の白線部分に，スプリングのSを表示している．つまり，見かけは定位でも後方からは進入できますよ，ということで通常の定位とは違うことを示している．

人間がハンドルを操作してポイントを反位側に転換することは勿論可能である．前方から反位側へ列車を入れるにはこの方法によるしかない．

1-5) 垂直方向てこ式

JISに「転てつ転換機」として出ているのはこれのことだが，この字面からは他の機種と区別するキーワードが含まれず，どんな転換機でも当てはまってしまうので，あまりよいネーミングではない．あえて「垂直方向てこ式」としてみたが，ここでいう「てこ」は握りの部分に下の爪を引き上げる小さな補助レバーが付いている．図や写真をお目にかければ何を指しているかは一目瞭然で，これも近頃めっきり少なくなっているものの，かつてはだるま式についで全国至るところで見られた大変ポピュラーな転換装置である．

自動車のハンドブレーキのような「転轍てこ」をレール方向前後に倒して，転轍てこの付け根近くに接続されている動作桿をレール方向に動かす．レール方向の動きをトングレールのまくらぎ方向の動きに変えるにはクランク機構を必要とする．このクランクはエスケープクランクと呼ばれ，トングレールが必要なだけ動くと，それ以上の動作桿の動きは伝達されないようになっている．その機構は，次項で説明する．

この転換装置の台座の上面は円弧状になっていて，両端位置を除く中間にはさらに1段高くなった段丘部が形成されている．両端の位置ではばねの力で爪が下りて段丘部に当たり，転轍てこが固定されるから，動

写真 5-8
対向列車が待機する交換駅
2001年6月にこの次の交換駅で衝突事故を起こし,運転休止の事態となった京福電鉄(現・えちぜん鉄道)のかつての光景である.右側通行の越前竹原駅.
(1996年11月撮影)

写真 5-9
鎖錠器なしのてこ式転換装置
東武野田線柏駅の大宮方面からの進入線にある.左端に回路制御器が見えるから,信号機との連動はとられている.

写真 5-10
鎖錠器なしのてこ式転換装置
フランス国鉄,リール駅の機回り線用転換装置.レールの光り具合から見て,この転換装置も現役使用中のようだ.

かすときは握りの部分にある補助レバーで爪を引き上げる．転轍てこが反対側の端にくると，また爪が落ちてその位置でてこが固定される．

ところで，この垂直方向てこ式の基本構造は以上のとおりで，トングレールの転換に関してはこれだけで十分なのであるが，補助レバーと爪によって簡単な鎖錠機能は達成されているとはいえ保安システムとしてはやや信頼性に乏しいため，この形のままで使用されることは少なく，これに複雑な鎖錠機構が付加されているのが普通である．まずは付加機構なしに使用されている珍しい例を写真でご紹介する．ただしそのひとつ（写真 5-11）は転轍器ではなくターンテーブル（転車台）のレール位置を固定する部分に使われている例である．

つぎに通常見慣れているものを写真でご覧いただきたい（たとえば写真 5-13）．まず第 1 に，前記の段丘に沿ってもうひとつの円弧状のスリットを持つガイドのようなものが取り付けられている．仮に「弓形ガイド」と呼ぶ．その上に何やら謎を秘めた黒い箱があり，弓形ガイドの一端から上向きにロッドが伸びてこの箱の中に入っている．現場で「弁当箱」と呼ばれているこの箱の正体は何だろうか．

東京神田にあった交通博物館（大宮に移転して現在は「鉄道博物館」）には，このてこ式転換装置を 10 基ほど並べた「第 1 種機械連動機」の実物が展示され，弁当箱はないが，弓形ガイドはついていて，そのうちの 1 基はてこを自由に動かせるようになっているから，弓形ガイドの動きを観察できた．

前記の転轍てこの動きを規制している爪は横に伸びており，この伸びた部分がこの弓形ガイドのスリットの中を移動するようになっている．

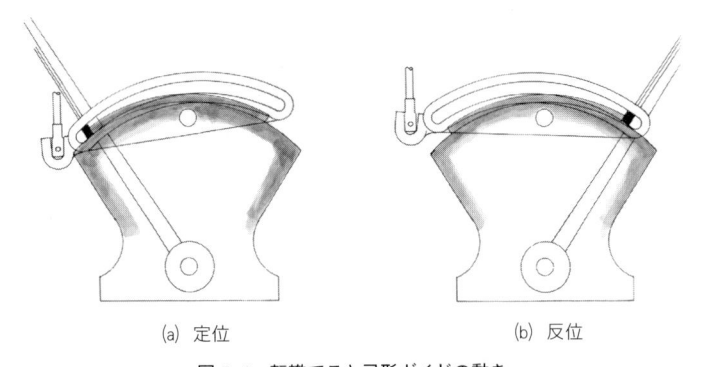

(a) 定位　　　　　(b) 反位

図 5-4　転轍てこと弓形ガイドの動き

**写真 5-11
鎖錠器なしのてこ式転換装置**
ターンテーブルの停止位置にストッパを出し入れするためのもののようだ．JR北海道旭川運転所で．

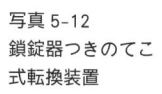

**写真 5-12
鎖錠器つきのてこ式転換装置**
回路制御器がない代わりに線路脇の標識灯と表示板が回転する．西武新宿線上石神井駅構内．1995年5月の撮影だが，現在は姿を消しているだろう．

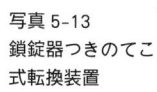

**写真 5-13
鎖錠器つきのてこ式転換装置**
始発駅のホームが平常片面だけしか使用されなくなってこの分岐器も固定状態となっている．十和田観光電鉄三沢駅構内．

弓形ガイドは支点を中心に首を振ることができ，爪が引き上げられるとガイドも持ち上げられて段丘と同じプロフィルとなるが，爪が落ちているときはそちら側に倒れ，転轍てこが反対側に動いて爪が落ちると反対側に倒れるのである．図 5-4 で示したように，転轍てこを左右に切り換えることにより弓形ガイドが上下し，その一端に接続された昇降ロッドが上下に動くことをまずご理解いただきたい．

このことから逆に考えると，もしこの昇降ロッドが何らかの力で拘束されていて上下に動けないとすれば，補助レバーをつかんでも爪を引き上げることができないから，転轍てこは動かないことになる．

そこでいよいよ弁当箱の中身を調べなければならないが，この種の転換装置が使われているのは現在では事実上本線内の，日常には使用しない「現場扱い」と呼ばれる転轍器に限られている．だから，いくら線路脇で待機していても，これが動くところはまず見ることはできないし，といって本線内の転轍器を気安くちょっと動かして貰うというわけにも行かない．錠のかかった金属製の箱は，いくら孔のあくほど見つめていても内部の構造は絶対にわからない．解明は絶望的かと思われたが，思いがけない幸運の女神がほほえんでくれた．何気なく訪問した某ローカル私鉄構内の廃車になった貨車の床下に，何とこの弁当箱が蓋が少しはずれた状態で捨てられていたのである．どうせ要らないものだろうから頼めば入手できたかも知れないが，台座から取り外すのも容易ではなさそうなので，ともかく有り合わせの紙に夢中でスケッチし，後に清書したのが図 5-5〜図 5-8 である．

まず弁当箱の正式名称だが，中にあった製造銘板には「交流電気鎖錠器」とあった．製造は意外に新しく昭和 40 年である．図 5-5 に内部の全体正面図を示すが，大きな電磁石と，上下 2 本の水平方向の回転軸がある．回転といっても 360 度回るわけではないので，揺動軸というべきかもしれない．前記の昇降ロッドに接続している下方のものを入力軸，これと連結板で接続されている上方のものを従動軸と呼ぶことにする．これらの動きの伝達機構を図 5-6 に示す．

入力軸にはカムプレートが取り付けられている．一方図 5-5 でもわかるように，電磁石の一端と入力軸のカムプレート上部との間にかけて，L 形アームが設けられている．L 形アームを取り出して図 5-7 に示す．この図で矢印で示したように，吸引部が電磁石に吸引されると，アーム

写真 5-14
電気鎖錠器の内部

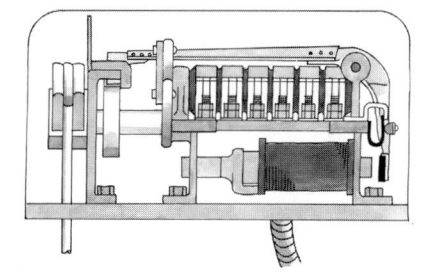

図 5-5 電気鎖錠器内部の
全体正面図

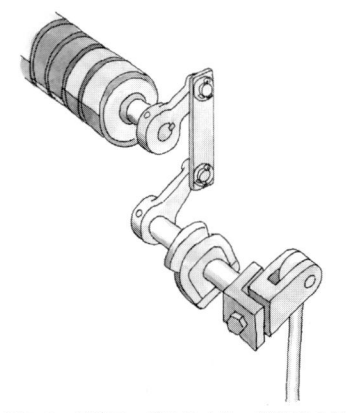

5 章 転換装置

111

図 5-6 昇降ロッドと入力軸，従動軸の動き

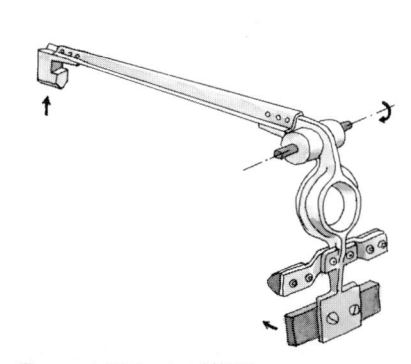

図 5-7 L形アームの斜視図

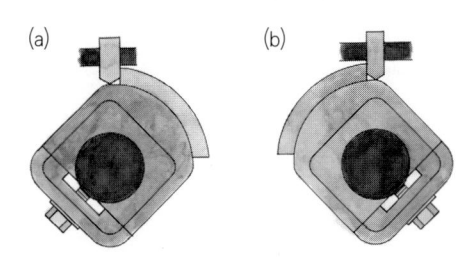

図 5-8 くさびとカム
プレートとの関係
(a) 定位 (b) 反位

先端のくさびが上昇する．このくさびは，下降するとカムプレートに当たり，入力軸の回転を拘束する．その様子を図5-8に示す．この図5-8で例えば（a）は昇降ロッドが下降位置（転轍てこは定位），（b）では上昇位置（反位）であり，それぞれ電磁石に電流が流れない限りこの状態に固定されていて，転轍てこを動かそうとしても建前上は動かないのである．入力軸と呼んだ部分が鎖錠機能を有していることが分かる．転轍てこの台座の足元には足踏みスイッチがあるが，これを踏むことで電磁石に電流が流れ，くさびが引き上げられて転換可能な状態になるものと思われる．

　従動軸の方はスリップリングの設けられたロータリースイッチに接続されている．スリップリングは2枚ずつ3組あって，1組毎に側面の銅板の貼り付けられている位相が違う．側面には板ばね状のブラシが接触しているから，従動軸が回転するとこれらを通して電気回路が開いたり閉じたりすることがわかる．つまり従動軸からは転轍てこが現在どの状態にあるかという電気信号が得られるから，この部分が回路制御器の機能を有しているわけである．

　以上で，単なる転轍てこに弓形ガイドと弁当箱を付加することにより，この転換装置が前記した①転換装置本体，②回路制御器，③鎖錠装置の3点セットの揃ったものに改善されていることがお分かりいただけたことと思う．

　この転轍器は動力が人力だから，担当者がこの場所に来て操作することが必要であり，「現場扱い」と呼ばれる所以である．つまり動かしてよいという判断は現場でできる筈である．電気鎖錠器付きの「垂直方向てこ式」は信号機のてこ扱いのみ集中して遠隔操作で行い，転轍器の転換操作は現場で行うという，いわゆる第2種連動装置用の転換装置に相当する．

　以上の説明には筆者の多少の推測が混じっている．この種の装置については文献もほとんどない．しかし全国的にはまだ現役でかなり残っている装置であるから，現在実際にこの転換装置を扱っておられる方，あるいはそれほど古くない過去に扱った経験のある方も多数おられることと思う．説明不十分なところをご教示願えれば幸いである．

写真 5-15
転轍てこと弓形ガイドの動き
1本のてこだけでも動かすことができる状態で展示されていたのは有り難かった．交通博物館時代の第1種機械連動機．大宮での現在の展示状態は未確認．

写真 5-16
転轍てこと弓形ガイドの動き
反位にした転轍てこにより，弓形ガイドが隣のものと反対側に持ち上がっているのがわかる．

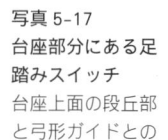

写真 5-17
台座部分にある足踏みスイッチ
台座上面の段丘部と弓形ガイドとの関係もわかる．

1-6) 転換双動装置

　互いに関連のある2基の分岐器を「1基の」転換装置で動かそうとする場合に使用する1連の装置群の名称であって，本体である転換装置そのものは前項の「1-5) 垂直方向てこ式」である．付随する動力伝達機構を併せて特にこのような名称で呼ばれている．

　1-1) から1-4) までの手動の転換装置ではハンドルが重かったり小さかったりして間近にある1基の分岐器を動かすのがせいぜいで，離れた位置にあるもう1基まで同時に動かすのには無理がある．またこの後に登場する電動式になると，1基の転換装置で2基の分岐器を動かすよりも，転換装置を2基使用してこれらを電気的に連動させる方が現実的である．そこで事実上，双動式に使用されるのはほとんどがこの垂直方向てこ式ということになる．とはいえ，実際の作業にはかなりの力が必要だったことだろう．

　機械式の転換装置の場合，連携動作の必要な2基のポイントについては，それぞれを個別に転換するよりも1つの転換装置で連動させた方が連携が確実であるから，人力が主体であった時代にはこの双動式がひろく採用されていた．適例は，やはり渡り線である．スプリングポイントだと，折り返さない一般の列車もすべてトングレールを割り出しながら通過することになり，損耗や騒音がはげしい．そこで折り返し列車の頻度が低い渡り線などには，もっぱら双動式が使用された．

　双動式は，一対の分岐器のうち一方の近くに転換装置を設け，もう1基の分岐器までは「信号リンク」[*1]と呼ばれる長い鋼管で全く機械的に動きを伝達する．鋼管を支持して動きを助けるのがローラのついた「パイプキャリア」である．一対の分岐器には11イ，11ロのような番号が使用される．

　一対のポイントにおいてはトングレールの移動方向が互いに逆になるのが普通であるから，信号リンクの中間に動きを反転させるためのストレートクランク，あるいはWクランクと呼ばれるものが挿入される．

---

*1) この鋼管は転換装置と転轍器の間で長さ方向の移動を伝達するだけのものだが，巻末に記したオーム社の『鉄道工学』では図に「信号リンク」の名が記されている．しかし信号とは直接関係ないし，機械要素にいうリンクでもない．他の文献には一切この名称は見られないので，本書では「鋼管」とした．なお，JISにはクランクなどを含めて「鉄管装置」の名称がある．

写真 5-18
非常用渡り線の転換双動装置
2組の分岐器を背向に組み合わせ，1基の転換装置で両方のトングレールを転換する．京成幕張駅構内に奇跡的に残っているが，京成全線を探してもここ以外にはもう見られない．

写真 5-19
双動式の転換装置本体
この転換装置で2組のトングレールを転換するので動作桿がてこの両側に出ている．以下しばらく同じ京成幕張駅構内のもの．

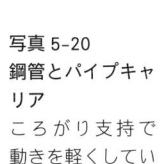

写真 5-20
鋼管とパイプキャリア
ころがり支持で動きを軽くしている．

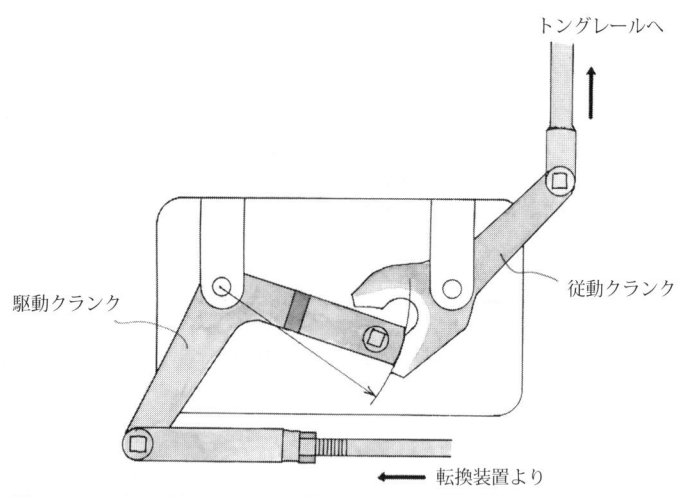

図 5-9 エスケープクランクの平面図
矢印方向に動き終わった状態を示している．左側のロッドがこれ以上働いても，右側のクランクは回転しない．

また最終的にトングレールを転換する部分には，ロッドの移動ストロークが所定量より大きい場合（動きが不足することのないように，やや大きめに設計されている），トングレールを損傷することのないよう，図5-9に示すような逃がし機能を有するエスケープクランクが使用される．

近年すっかり見られなくなったが，かつての大駅や操車場などで，信号機とともに複数の分岐器を機械的に1ヵ所から遠方操作していた信号扱所などはこの双動式を大規模にしたようなもので，ヤードを見渡す2階建ての「信号扱所」から線路に沿って何本もの鋼管が束になって伸びていた．この場合，必ずしも1本のてこが2基の分岐器に対応しているわけではなく1:1のものも多いが，省力というよりもむしろ，広いヤードに散在する分岐器に対してこれを操作するてこを1ヵ所に集中して，てこ相互の連動を図るのが目的であり，前項でご紹介した交通博物館の「第1種機械連動機」はこのようなところで使用されていたものである．実例は9章の貨物駅で詳しくご紹介する．

写真5-24は岩沙克次氏の作品「冬日の貨物列車」の，まさに出発しようとしているEF15牽引の貨物列車である．1964年1月，東海道線稲沢駅での撮影という．画面の手前に信号扱所があり，Aのマークを付

写真 5-21
エスケープクランク
移動方向をここで90度変換する．

写真 5-22
W クランク
移動方向を逆にする場合に使用する．動きが逆になることで，鋼管の熱伸縮を吸収できる．単純なストレートクランクでも同じことができるが，鋼管の位置がずれるのでスペースが必要になる．

写真 5-23
直角クランク
移動方向を90度変換するが，エスケープ機能はない．

けた線路脇のピットの中を数本（7本見える）の鋼管がヤード方向に長く伸びており，そのうちの1本が線路下を横断してBのピットにつながり，さらにAのピットのおしまいのところで1本が線路下を横断してCのピットにつながっている．分岐器の位置で1本ずつロッドが減って行くのもおわかりだろう．岩沙氏のコメントどおり，かつての貨車操車場の原風景である．信号扱所の2階の窓からの撮影であろう．

なおわが国では信号扱所から腕木式信号機へは鋼管ではなくワイヤロープが伸びていたが，インドネシアでは，オランダ式なのだろうか，分岐器の操作も鋼管ではなくワイヤロープ（実際はどうやら針金）で行われていた．

写真 5-24 貨物ヤードのロッド群
信号扱所から遠方の分岐器まで延々とロッド群が伸びている．稲沢駅，1964 年．
（岩沙克次氏撮影）

写真 5-25　エスケープクランク
遠方のトングレール転換用．移動方向を再び 180 度変換するため，入力側にストレートクランクが使われている．

写真 5-26　インドネシアの転轍器
信号扱所から針金で動きを伝達している．前方の箱は転換標識．

1-7) ハンドル回転式

JR 原宿駅のホームで珍しい転換装置を発見した．宮廷ホームへ出入りするための分岐部分にあり，電気式のように見えるが YS 式と違って縦形である．JR 東日本にお勤めの梨森　武志氏のご教示で，その名称は「電気鎖錠器付きハンドル式転轍転換機」といい，電動ではなく手動であるが，よく見られるレバー式（前記「1-5）垂直方向てこ式」）のレバーの代わりにぐるぐる回すハンドルが使用されている転換装置であることがわかった．その後さらに，登場当初と思われる雑誌広告のコピーを添えて，メーカーは「㈱峰製作所」であることをお教えいただいた．その広告の写真の脇に「特許申請中」の文字があったことから早速特許庁へ出向き，峰製作所が出願した転換装置の特許を検索した[*2]ところ，1985（昭和60）年公開の「転てつりバー」（特開昭 60-222368 号，昭和 59 年 4 月 18 日出願）が見つかった．発明者の中に国鉄職員と思われる方が 1 名入っており，国鉄と同社との共同出願である．特許公報には正確な図面が示されていて技術内容はこれで十分理解することができる．さらに東京内神田にある峰製作所本社をお訪ねして販売実績や納入先なども教えていただいたので，以下これらの調査結果を簡単にご紹介しよう．

内部構造

外観は写真をご覧いただくことにする．操作ハンドルのある方が表で，原宿駅のホームから見える線路に面しているのは裏側である．

図 5-10 は裏側の蓋を外した状態を示す正面図，図 5-11 は側面図だが，複雑に見えるのは鎖錠機構があるためで，転換機構そのものは図 5-12 に示すように 3 段の平歯車のみのいたって単純な構成である．ハンドル軸に 1 段目のピニオンが取り付けられていて 3 段目のピニオンが扇形クランクにかみ合っており，ハンドルを回すとこれがゆっくりと回転し，接続された「信号リンク（鋼管）」を水平移動させてトングレールを転換する．

1-5) の垂直方向てこ式が両手でレバーをつかんで力一杯引き寄せる 1 動作で転換を行うのに対して，これはハンドルを何回も（設計上は

[*2]　現在ではこのような特許検索は家庭のパソコンから特許庁ホームページへアクセスすることで容易にでき，公報もプリントできるから，わざわざ特許庁まで出かける必要はない．

写真 5-27
原宿駅宮廷ホームへの出入り線
転換装置は渡り線用（双動式）と側線用の 2 基が見えるが，ホームの代々木方にも同様に 2 基ある．

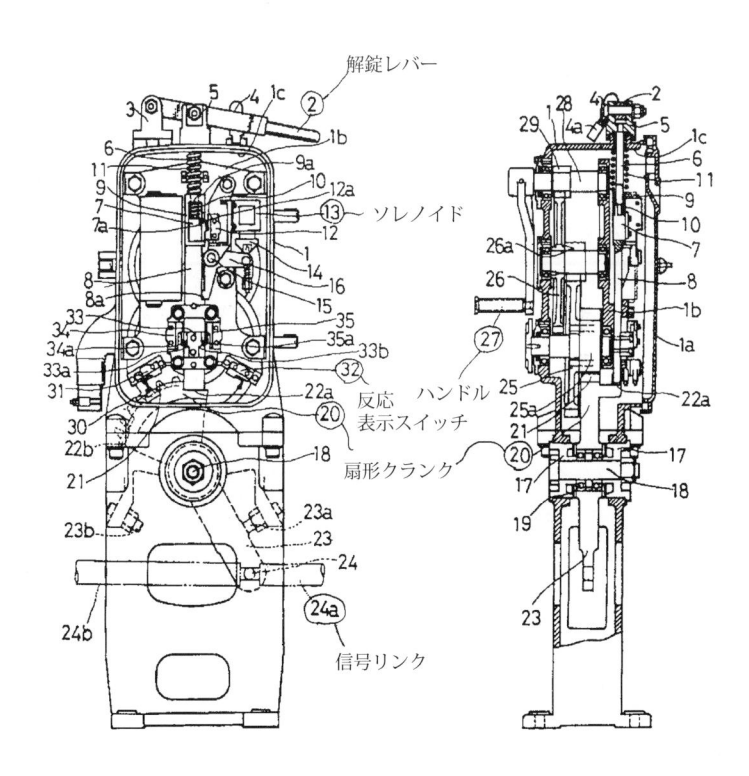

5 章　転換装置

図 5-10　ハンドル式の正面（裏面）図　　　図 5-11　ハンドル式の側面図

15回転）回転させて転換する．歯車で減速しているので時間はかかるが力は軽くて済むのが第1の特徴である．

なお，追って説明するNS式，YS式等の電気式の転換装置でも停電事故に備えてハンドルにより手動で転換できるようになっているが，減速比の関係で例えばNS式ではハンドルを約28回まわす必要がある．非常の場合に28回まわすのは仕方がないが，今回のハンドル式は常用であるから，約半分の回転で済むように設計されている．

近年，トングレールとこれに接続するリードレールとを一体にした「弾性ポイント」の採用が進んでいるが，一対のトングレールで弾性力を相殺するようになっているとはいえ，ヒンジで自由に動くトングレールに比べると転換には力がいるだろう．また，1基の転換装置で2対のトングレールを動かす「双動式」の場合も，力がいることは間違いない．

この転換装置は，このような力のいる場所に設置されている「てこ式」を置き換えることを目的に開発されたものらしく，その証拠に地上の基礎ボルトの間隔や信号リンクとの取り合い寸法等も「てこ式」に合わせて設計されている．

解錠レバーと鎖錠スイッチ

この転換装置の上部に見えるのは解錠レバーである．てこ式転換装置の場合も，補助レバーをつかんで爪を引き上げる機械式の鎖錠機構と，フートスイッチを踏んでソレノイドを作動させる電気式の鎖錠機構があったが，これらを無視してむりやり転換することも不可能ではないなど，若干信頼性に欠けるうらみがあった．ハンドル式はこの点がかなり考慮されて信頼性の高い構造になっているようである．

掛け金を外し，解錠レバーを少し引き上げると内部のスイッチが作動してソレノイドが働き，電気的に解錠される．解錠レバーをさらに引き上げると扇形クランクの切欠き（段部）から爪（鎖錠片）が外れて機械的にも解錠され，ハンドルが回転可能となる．なお広告によれば電気鎖錠はオプションで省略もできる（外観は同じ）が，電気鎖錠なしでも定位，反位の検出スイッチはあるので電気信号は出力する．

「転てつリバー」のネーミング

悩ましいのは特許公報の「発明の名称」にも使われているこのネー

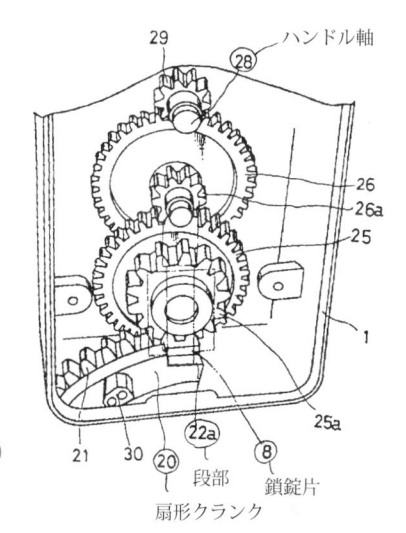

図 5-12 内部の歯車機構
（図 5-10 ～ 12 いずれも特許公報より）

5 章 転換装置

写真 5-28
原宿駅の転換装置の表側
線路脇に障害物が多く，表側が見えるのは 1 基のみ．

写真 5-29
東急世田谷線上町車庫
構内の 5 基の分岐器すべてにハンドル式が使用されている．

ミングである．実は峰製作所からいただいた「JRS（日本国有鉄道規格）21502」のタイトルもこれである．『鉄道用語事典』（久保田 博）や，JISの「鉄道－分岐器類用語，信号保安用語」にも見当たらないこの言葉は，内容から推察すると「転てつてこ」あるいは「転てつ器」の「転換装置」に該当する現場用語と思われ，「てこ式」のみでなく「ハンドル式」も含む名称のようである．「リバー」は「レバー」つまり「てこ」のことであろう．そうだとすれば「ハンドル式リバー」は，「コンクリートまくらぎ」と同じように矛盾した用語ということになる．

ハンドル回転式の採用状況

　前記のJRSにハンドル回転式が書き加えられたのが1983（昭和58）年8月，特許出願が1984（昭和59）年4月であるから，登場はおよそこの頃であろう．峰製作所でも古いデータがないとのことで開発当初の販売実績は不明であるが，1991（平成3）年7月から2003（平成15）年6月までの納入実績は142台だそうで意外に多い．同社では実際の設置場所までは把握していないが，関東近郊ではJR東日本の他，東急（上町），営団地下鉄（小石川），京急などに納入しているという．

　遠隔操作ができず，CTCにも組み込めないから，この転換装置は本線上の日常的に使用される箇所には原則として採用されないだろう．原宿駅のケースは山手貨物の本線上だが，転換の頻度がきわめて低いことから電動式にはせず，といって通過するのは本線列車とお召し列車ばかりというきわめて高い保安度が要求される箇所であるから，手動のうちで最も信頼性の高いと思われるこの機種が選ばれたのだろう．私鉄各社の場合も車両基地内等が大部分と推定されるが，東急世田谷線上町車庫なら外から見えるだろうと出かけてみた．期待どおり，基地内の4本の留置線と双動式の渡り線合計5基の転換装置にすべてこのハンドル式が使用されていた．この線にとっては珍しい存在でも何でもなかったのである（三軒茶屋，下高井戸両終点はスプリングポイントである）．ここでは出入庫の都度日常的に使用されるので，ハンドルの握りは真鍮色にピカピカに光っている．上町駅のホームから朝な夕なにハンドルをぐるぐるまわす光景を眺めることができる筈である．その後京急北品川駅構内でも発見した．

写真 5-30　上町車庫の転換装置
日常的に使用されるため，ハンドルの把手部分が光っている．

2) 電気式転換装置

　手動を電動にすることで単に労力が節減されるだけでなく，遠隔操作に適し，かつ信号機との連動や，関連する他の分岐器との連動，鎖錠などの制御性が格段に向上するため，日常的に使用される分岐器については電気式が今日の主流となっている．

　語源は不明だが YS 式と NS 式の 2 種がある．YS 式は本線以外で使用されるもので，動力を持つ転換装置本体と鎖錠装置，回路制御器がそれぞれ別個に設置されている．留置線や車両基地などでよく見かける．写真の例では回路制御器（密着照査装置）として検知針式のものが使用されており，トングレール外側の基本レールのウエブに取り付けたセンサが小さな孔から内側へ突出しており，トングレールが正しく移動すると針の先端でこれを検知する構造である．

　一方 NS 式はこれら 3 者が一体に組み込まれていて，われわれが本線上で現在もっとも普通に見ることのできる転換装置である．小型のモータで歯車を回し，これを 3 段に減速して最終段でクランクホイルをゆっくりと回し，動作桿をまくらぎ方向に動かす．

　転轍器とトングレールとの間は 2 本のロッドで連結されているが，1 本はトングレールを動かす動作桿，もう 1 本は逆にトングレールの動きを転轍器の中へ戻して鎖錠する鎖錠桿である．

　停電に備えて，中間の歯車軸にハンドルを差し込み，手動でも回せるようになっている．また，ポイント部に異物がはさまって完全に転換しない場合などにモータが焼損することを防ぐため，減速機の中間に摩擦クラッチが挿入されている．

　実際に見ていると，ウィーンとモータが回り出す音がしてからやや暫くしてポイントが動き，動き終わってなお暫くしてからモータ音が止まる．内部のクランクホイルの部分にエスケープ機構が設けられているため，モータはトングレールを動かすのよりもかなり余分に回転しているのである．モータというものは慣性力があるから電源のオンオフだけではピタリと停止させることができないので，このような工夫がなされているものと思われる．

写真 5-31　YS 式電気転轍器
レール間にあるのが転換鎖錠器.

写真 5-32　YS 式電気転轍器の回路制御器
レールのウエブから突出している棒状のセンサ（矢印）がトングレールの動きを検知する.

電気式転換装置の詳細

では YS 式および NS 式の電気式転換装置について，図面によって詳しく説明しよう．

これらの転換装置の内部も外観からは全く想像できないので，鉄道会社か分岐器メーカーにお願いして蓋を開いて見せていただこうかと思っていた矢先，素晴らしい書物が見つかった．吉武　勇，明本昭義共著『運転保安設備の解説』（日本鉄道図書）がそれで，運転や保安設備に携わる人びとの教科書的な目的で出版されたものであろう．入手したのは 1984（昭和 59）年の第 6 版であるが，初版は 1973（昭和 48）年といささか古い．探せば古書店でも入手できるだろう．なお，以下本稿で示す図は，この書物の図を参考に，筆者が新規に書きなおしたものである．

2-1) YS 式電気転轍器

写真 5-31 でご覧のように，YS 式は，線路脇の転換装置本体と，レール内にある Y 形のアームを持つ鎖錠装置とレールに取り付けられた回路制御器とで構成されている．図 5-13 は転換装置本体内にある最終段の転換歯車と，これによって動かされるカムと動作クランクとを示す動作部分の図である．転換歯車には 1 ヵ所にカムローラが取り付けられており，モータから 4 段の平歯車を経てこれが回転する．転換歯車とカムは箱の中にあって外からは見えないが，カムと同じ軸に取り付けられた動作クランクは箱の端部から外へ出ていて，見ることができる．動作クランクは動作桿に接続されている．

　(a) はカムローラが時計の 6 時の位置にいる．転換歯車が矢印の方向に回転し，カムローラがカムの中央の溝に進入し，転換歯車が 10 時

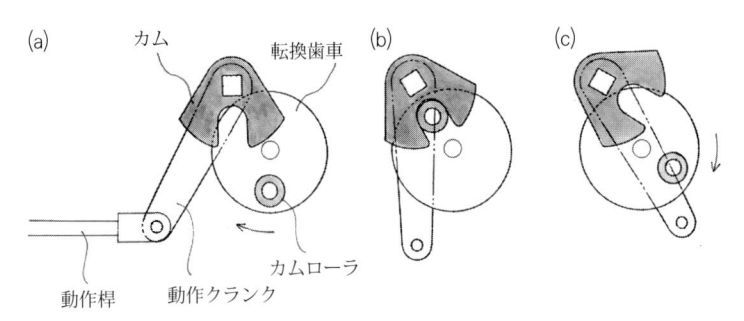

図 5-13　YS 式電気転轍器の動作部分

の位置を過ぎてなおも回転すると (b) のようにカムを回転させる．カムが (c) の状態まで回転するとカムローラはカムから抜ける．カムローラが (a) から (c) まで，すなわち6時から4時まで回転する間の10時から12時の間でカムを回転させているのである．いま(a)を定位，(b)を反位とすれば，逆に反位から定位に転換するときも状況は同じである．

停止状態ではいわゆるエスケープ状態でカムローラはカムから完全に離れているが，これには，たとえ開いていない側の背面から車両が侵入して分岐器が無理やり割り出された場合でも，転換装置内部には力が伝わらず，損傷を免れるという効果もある．

図5-14はレール間にあるY形アームと転換鎖錠器の部分である．図5-13に合わせた (a) の状態では，動作桿は図5-13の動作クランクからの力でY形アーム，連結リンクを介してトングレールを左側の基本レールに寄せ，分岐器を定位としている．同様に (c) ではトングレールが右側に移動して反位の状態である．(a) (c) を見比べて注目したいのはY形アームの動きである．回転角度がおよそ90度となるように調整されているので，停止状態では常にY形アームの一方の腕と連結リンクが一直線に伸び，トングレールに対して直角になっていることである．

そこで次に図5-15をご覧いただこう．レール内にある6角形をした箱の中には転換ばねが入っている．転換アームはさきのY形アームと同じ軸に取り付けられて同じ動きをする．転換ばねは圧縮ばねである．

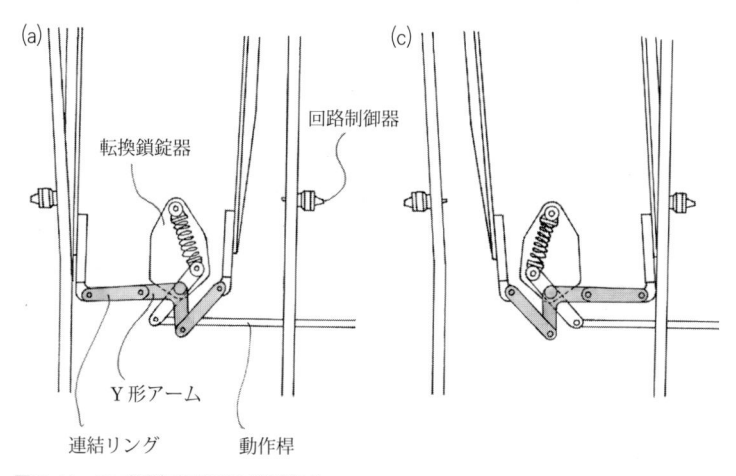

図 5-14　YS式電気転てつ器の鎖錠部分

転換アームが図 5-15 の (a) と (c) の間で動く場合，(b) の瞬間が最もばねが圧縮されることがお分かりであろう．ばねは伸びようとするから (b) の瞬間にとどまることはなく，すみやかに (a) から (c)，あるいは (c) から (a) に転換する．しかも転換後もまだばねは圧縮されているから伸びようとする力でトングレールを基本レールに押しつけることになり，分岐器をそのままの状態に保持する．ここでさきの図 5-14 を見ていただければ，ばね力が転換アームから Y 形アーム，連結リンクを経てまっすぐトングレールに伝わっていることがよくわかる．転換歯車の方は動作桿を動かした後はどこかへ逃げてしまったが，その後を転換鎖錠器がばね力によってしっかり守っているのである．

なお，この転換鎖錠器は元来 YS 式電気転轍器よりもずっと先輩である「1-2) 垂直方向ハンドル式」の鎖錠装置として開発されたものらしいが，YS 式はこれを踏襲したのである（前掲写真 5-4 参照）．

写真 5-32 でもお見せしたように回路制御器は基本レールの外側に取り付けられており，棒状のセンサ（ポイントコンタクタという）がトングレールの動きを検知する仕組みである．

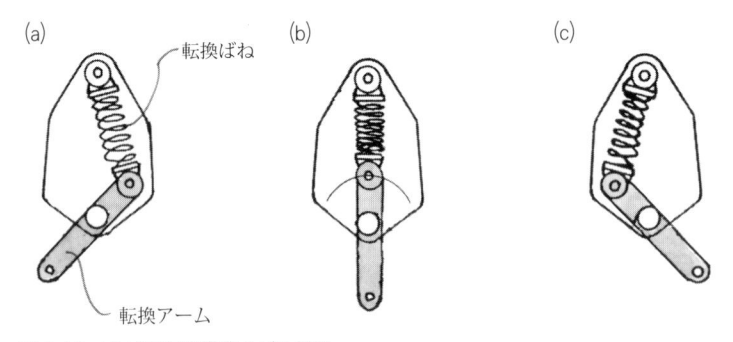

図 5-15　YS 式電気転轍器のばね部分

鎖錠装置について

つぎの NS 式電気式転換装置に入る前に機械式の鎖錠装置の概念を説明しておきたい．図 5-16 はひとつのモデルである．動作桿とロックプレートとが直交している．ロックプレートには，ややずれた位置に上下の切欠きがある．一方動作桿はロックプレートが貫通する枠体に連結しており，枠体の内側には上下に鎖錠子が取り付けられている．この図

は分かりやすいように動作桿もロックプレートも作動範囲の中間位置になっているが，実際にはこれらは定位か反位のいずれかの位置を取る．

　図の状態ではロックプレートが邪魔をするので動作桿はどちらの方向にも移動できないが，ロックプレートが図の左上方向に引かれて下側の切欠きが枠体の位置にくると動作桿は右上方向に進むことができる．鎖錠子が切欠きに嵌合してしまうと，つぎに動作桿を引いてやるまでロックプレートは移動できない．動作桿が左下方向に引き寄せられ，鎖錠子が切欠きから抜けるとロックプレートは移動可能となるが，ロックプレートが完全に右下方向に出て上側の切欠きが上側の鎖錠子の前までこないと動作桿を左下方向に引き寄せることはできない．つまりロックプレートの移動量が不十分だと新たなロックもできないのである．ロックプレートと動作桿が相互に相手の動きを拘束している関係がお分かりであろう．「機械式」の時代はこのようにして転轍器のてこと実際のトングレール，転轍器と他の転轍器，転轍器と信号機等を互いに鎖錠していたのである．

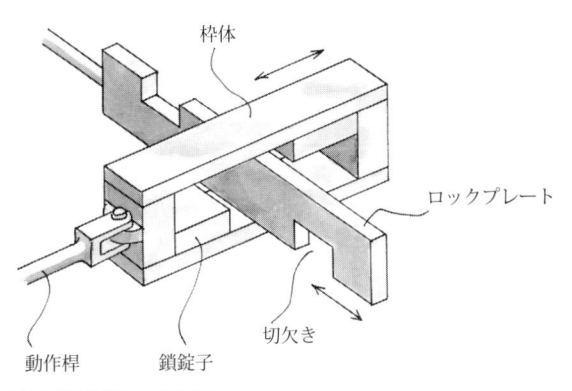

図 5-16　機械式鎖錠装置の概念図

2-2) NS 式電気転轍器

　いよいよ真打ちの登場である．NS 式は今やこれまでのほとんどのタイプを駆逐して全国の本線上のあらゆる分岐器に採用されているといっても過言ではあるまい．細長い箱の一端に取り付けられた小型のモータの回転を傘歯車と，あと2段の平歯車によって減速し，カムローラを回転させて動作桿を動かしている．ところでその動作桿だが，前記の書物

によりカムローラと係合する口の開いた特殊な形状をしていることがわかった．しかも，同様に特殊な形状をした2枚の「カムバー」と呼ばれるものと重なり合っている．まず図5-17でこれらの形状をご覧いただこう．2枚のカムバーは互いに対称形で，「接合面」と書いた面でぴったり接し，互いに別々にこの図で横方向のみに動く．カムバーの右端に一方は上向き，他方は下向きの突起部があるが，これがさきに図5-16で説明した鎖錠子で，その手前の部分が鎖錠桿（図5-16におけるロックプレート）と交差する．一方，動作桿は縦方向にのみ動く．そして鎖錠桿，動作桿はいずれもトングレールに接続しているから，原則として同じ動きをする．

そこで図5-18をご覧いただくわけだが，動作桿と2枚のカムバーが重ねられ，これらの開口部にカムローラが係合している．カムローラの回転する軌跡を円で示している．(a) の定位から (e) の反位まで，5段階で説明する．まず (a) はカムローラが時計の10時30分の位置で，動作桿はエスケープ状態にあるが，定位側のカムバーがカムローラによって左側に引かれて先端の鎖錠子が鎖錠桿に嵌合している．つまり分岐器は定位で鎖錠された状態である．つぎにカムローラが時計方向に回転し，(b) の位置，1時のところまでくると，カムバーが押し戻されているのがわかる．まだトングレールは動かないが鎖錠が解かれたのである．鎖錠子が抜けて，鎖錠桿が自由に動ける状態となっている．ここから (c) を経て (d) の5時の位置にくるまでは，カムバーは全く動かず，動作桿だけが図の下方向へ移動している．(d) で動作桿の移動は終わり（つまりトングレールは切り替わった），カムローラは動作桿から離れ，あとは (e) の7時30分の位置まで動いて反位側のカムバーを左側に引き寄せ，鎖錠するのである．1回の転換でカムローラが約3/4回転する間で，動作桿やカムバーを動かしているのはそのうちの何割かの時間だけで，あとは空回りである．線路脇で見ていて動きの割にモータの回転音が長いのには，こんな秘密も隠されていたのである．せめてカムバーの動きが外側から見えていればもう少し推理が働いたものをと残念である．

図5-18の2本のカムバーの端部にマイクロスイッチを設けておけば，これでカムバーの状態を検知して電気信号を出すことができる．これが回路制御器の部分である．かくてNS式では転換装置本体と鎖錠機構，

写真 5-33
NS 式電気転轍器
全国的に最もポピュラーな転換装置で，今や他のすべての機種を駆逐してしまったといってもよい.

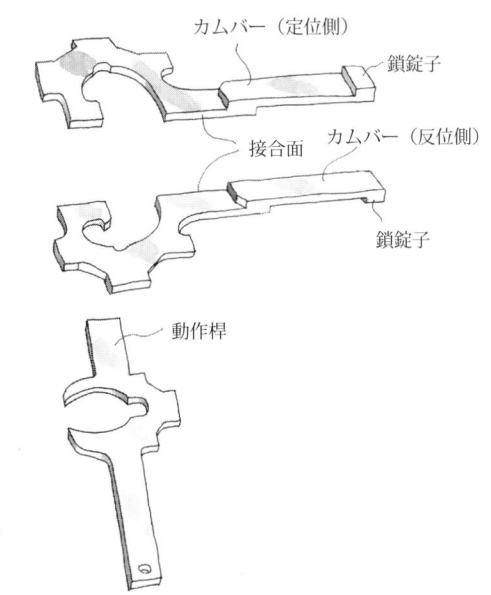

図 5-17 NS 式電気転轍器の主要部品

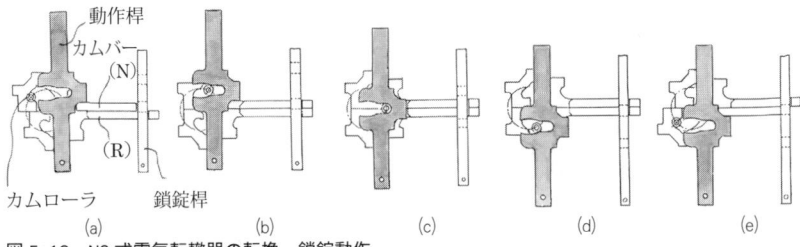

カムバー（定位側）
鎖錠子
接合面
カムバー（反位側）
鎖錠子
動作桿

図 5-18 NS 式電気転轍器の転換・鎖錠動作

動作桿
カムバー
(N)
(R)
カムローラ
鎖錠桿
(a)　(b)　(c)　(d)　(e)

回路制御器の3者がひとつの箱の中に組み込まれている.

中身が分かってみると，このNS式は動作桿を動かす機構には特に変わった点はないが，鎖錠部分はいささか大げさすぎるように感じられてならない．もっと簡単な機構で同じ機能を達成できそうに思うが，ものがものだけに信頼性，確実性を優先するとこのような実績のあるタイプが好まれるのであろうか．

3) 電空式転換装置

転換装置も手動，電動と観察してきたが，最後に残ったのが電気制御だが圧縮空気で作動するという，電空式である．実はこれは佐渡の「トキ」と同様，今やわが国では絶滅の危機に瀕している機種なのである．

去る2003年6月，筆者の所属する産業考古学会鉄道分科会で名古屋市交通局藤ヶ丘工場（地下鉄東山線）の見学会を行った．お目当ては，近々ATCの採用に伴い引退が予定されている打子式ATSと，これと運命を共にする電空式転換装置である．何分，活きた第三軌条が張りめぐらされた基地内という異例の見学会であったため，立ち入り禁止標識の仮設や見張り人の立ち会いなど，関係者には大変気を配っていただいた．

電空式転換装置にも2)の電気式と同様，本線用と側線用（以下，簡易形という）の2種がある．側線用については藤ヶ丘基地内でまだ相当数が使用されており，当日作動する状況まで見せていただくことができたが，本線用はすでにすべて撤去（NS式に置き換え）が完了しており，辛うじて薄暗い工場内の一画で取り外された現品を見るに留まった．

電空式転換装置の特徴

電空式は遠隔制御可能，電気的連動などの機能面は電動式と同じであるが，作動源が空気シリンダだからスポーンと一瞬のうちに転換する．しかし電気配線のほかに圧力空気源が必要なので，エリアの限定された駅構内や貨物ヤード内など，採用場所が制約される．

切り替えが速い点に着目した使用例としては，短時間で貨車を仕分けするハンプ線[*3]のポイントがある．またかつて京浜急行の追い抜き駅神奈川新町駅で，退避列車の到着後すみやかに通過列車の進入態勢を

写真 5-34　本線用電空式転換装置
現役稼働中の 1997 年 6 月，藤ヶ丘駅引上げ線で撮影したもの．明かり区間の本線上ではほとんど唯一の存在であった．本体の向こうに制御器が見える．

写真 5-35　本線用電空式転換装置
取り外されて工場内に保管されている姿．

＊3）貨物列車の仕分けを行う大規模貨物ヤードで，後方の機関車で列車をハンプ (hump) と呼ばれる丘に押し上げながら，連結器を解放して切り離した貨車を重力で坂を下らせ，これに合わせて転轍器を切り換えて所定の線路に車両を誘導する作業が行われていた．

取るため電空式転換装置を設置したことがあった．電空式の転換時間は0.80〜1.0秒であり，3秒以上の短縮が可能ということだったが，残念ながらその後普通の電気式に置き換えられてしまっている．

変わった使用例としてかつての地下鉄線がある．営団地下鉄（現・東京メトロ）の銀座，丸ノ内両線では数年前まで打子式と呼ばれる機械式のATSを使用しており，これは空気圧で作動するものだったから線路に沿ってずっと空気配管が存在していた．このため全線どこでも圧力空気が使用できるという好条件下にあったため，転轍器についても，トンネル内が浸水しても作動不良を起こすおそれのない電空式が全面的に採用されていたが，ATSの近代化に伴い打子式が淘汰されてしまい，転轍器もこれと運命を共にした．大阪市営地下鉄もかつては電空式を使っていたが今はないという．

1957（昭和32）年開業の名古屋市営地下鉄東山線はわが国第3の地下鉄といわれ，第三軌条式で東京の銀座線に近い規格で建設され，打子式ATSを採用した最後の路線である（1965（昭和40）年開業の名城線も第三軌条式だが打子式ATSではなく車内信号式ATC）．転轍器も電空式であったが，ATSと違って個々に置き換えが可能なため先行して撤去が進められた結果，前記の状況となっている．東山線では全線5カ所に分散して空気圧縮機が設置されているが，これもやがて不要となるだろう．

貨物輸送の様変わりでハンプ線も姿を消してしまった今日，この東山線のものはわが国で最後の電空式転換装置であった．かくなる上は東京，大阪，名古屋いずれかの地下鉄関係の施設で永久保存を図ってほしいものである．なおかつての東京地下鉄がお手本としたニューヨーク地下鉄では，現在も打子式ATSとともに電空式転換装置が現役で使用されている．

3-1) 簡易形電空式転換装置

側線用（簡易形）と本線用の2種類は，ちょうど電気式のYS式およびNS式に相当する．側線用は転換装置本体の他にYS式と同じY形アームを有する転換鎖錠器と回路制御器が設けられる．

転換装置の外観は写真でご覧のとおりで，手前に空気配管（現場では「気送管」と呼んでいる）が見える．2本のエアシリンダが向き合っており，電磁弁を介して空気が右側から入るか，左側から入るかでピストンが左

写真 5-36
本線用電空式転換装置の部品
教育用に内部部品が展示されていた．右上がラックを刻んだロッド，左下が動作桿である．藤ヶ丘工場で．

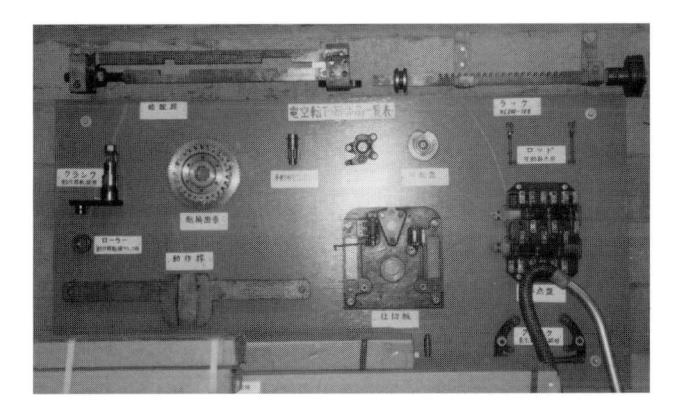

写真 5-37
簡易型電空式転換装置
シリンダの手前にある手動操作用レバーが左に倒されている．電線トラフの手前に空気配管が通っている．

写真 5-38
簡易型電空式転換装置
いずれも藤ヶ丘車庫で．

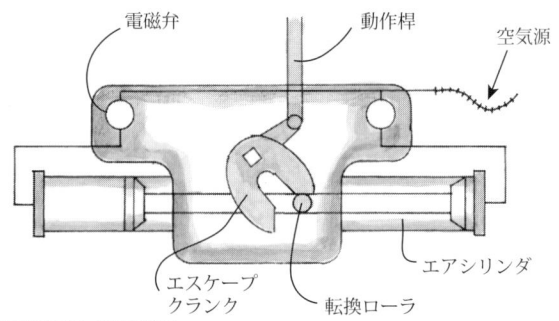

図 5-19 簡易型電空式転換装置

右に動き，図 5-19 に示すようにロッドに取り付けられた転換ローラによってエスケープクランクが左右に転換する．エスケープクランクは，前記 YS 式電気転轍器のときにカムと呼んだものと全く同じである．

　この転換装置の面白い点は，写真にも見えるように外側にセレクタレバー，手動レバーの2本のレバーが常時取り付けられており，手動操作が簡単に行えることである．セレクタレバーを定位から反位に転換することで手動操作が可能な状態となるので，手動レバーにより（何回でも）転換操作を行うことができる．動力転換に戻す場合は手動レバーを定位側に戻した上でセレクタレバーを定位に戻すと電磁回路が復旧する．

3-2) 本線用電空式転換装置

　電気式の NS 式に相当する電空式転換装置である．長方形状の箱の一端に（電気式のモータと同様，分岐器からみて背面側である）2本のエアシリンダが並んでいる．シリンダからはラックを刻んだロッドが伸びており，これで転換歯車を回転させる．転換歯車にはカムローラが取り付けてあり，これで動作桿を動かすことは電気式と全く同じである．図 5-20 にシリンダから転換歯車までの動きを，図 5-21 にカムローラと動作桿の動きを示したが，実際にはこれらが重なっている．図 5-20 の(a)，(c)，(e) はそれぞれ図 5-21 の同じものに対応する．(a) から (b) の間で図 5-20 の下側のロッドが後退して先端が鎖錠桿から抜け，(b) からは動作桿が動いて転換が始まり (c) は転換途中である．(d) でトングレールの転換が終了し，(e) で上側のロッドが前進して鎖錠桿に嵌合して転換動作がすべて完了する．つまりラックの先端部分が電気式におけるカムバーの役割をする．

写真 5-39
本線用電空式転換装置の制御器
丸い蓋を外した状態．電磁石で作動する圧力空気の切り換え弁が入っている．

写真 5-40
本線用電空式転換装置
ニューヨーク地下鉄で現在も使用されている電空式．A系統，Rockaway Blvd. 構内で．

写真 5-41
本線用電空式転換装置
簡易形に近い簡単な構造に見える．New Jersey Transit, Marin Blvd. で．

図 5-20 本線用電空式転換装置の転換機構 (1)
シリンダの直線運動→カムローラの回転運動

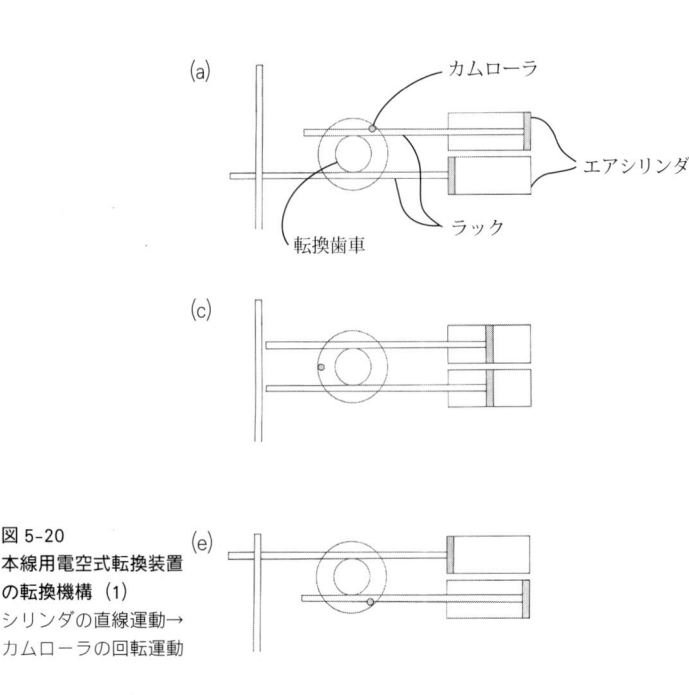

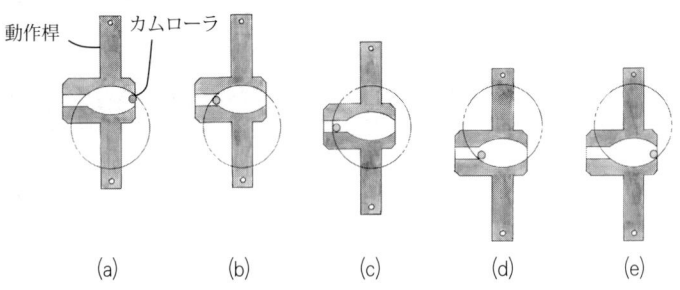

図 5-21 本線用電空式転換装置の転換機構 (2)
カムローラの回転運動→動作桿の直線運動

　本線用電空式転換装置では，シリンダへの空気の出入りを電気信号によって制御する電磁弁は本体から分離していて，丸みのある蓋をかぶった小さな箱に納められている．これが本体脇に線路面よりやや高く設置されているのは，電気系統を浸水事故から守る設計思想によるものだろう．蓋の内部に「直流電空転テツ制御器」のプレートがある．藤ヶ丘工場のものには1982（昭和57）年2月の刻印があり，この頃まで製造されていたことがわかる．

6章　PCまくらぎの製造現場

PCまくらぎ（興和コンクリート㈱・静岡工場）

製造現場を訪ねる

興和コンクリート㈱

静岡工場

写真 6-1 静岡工場全景
手前が製品置き場,右奥バッチャープラント,中央遠方製造ヤード,左管理棟.

　PCまくらぎの製造現場として今回（2007年6月）お訪ねしたのは興和コンクリート㈱静岡工場である.

　この会社は1939（昭和14）年,興和化学産業㈱として創立され,その後興和産業㈱と改称,1949（昭和24）年からコンクリートまくらぎの製造を行っている.当初のものはRCであった.1955（昭和30）年,現社名に変更している.大月,豊橋,神戸に工場があったが,2002（平成14）年,これらを統合する形で新しい静岡工場を開設した.一方,会社は2005（平成17）年7月から㈱ビーアール・ホールデイングス（東証第2部上場）の子会社となり,同業の「極東工業」とは兄弟会社となって東西にエリアを分割している.興和は元々の3工場の顧客を引き継ぎ,関東,中部,関西を受け持つ[*1].

静岡工場は周智郡森町睦美,東海道新幹線の掛川から「天竜浜名湖線」に乗り換えて「戸綿」が一応最寄り駅だが,ここから歩いたら30分位かかる.森町の山の中に造成された工業団地の一画であるが,森町といえば「遠州森の石松」で知られたところ.石松の墓がある.

　敷地は13万m^2,これは周囲の山の上まで入れての数字なので,平坦部分はその6割位だろう.4棟のクレーンの載った建屋とこれを延長した屋外ヤード,さらにバッチャープラント[*2]やボイラなどの付帯設備がある.1・2棟が橋梁のPC桁等も含めたプレテンションで,700トン,600トン,600トン,400トンの4基の緊張機がある.3・4棟はポストテンションのまくらぎを製造している.

　まくらぎはすべて注文生産である.一見同じような線路条件と思われる私鉄各社でも,まくらぎの形状寸法にはそれぞれの会社の設計思想があり,また同じ会社でも使用場所によって形が違う.この工場で用意している型枠は数百種類にもなるということだ.

写真6-2　初期のコンクリートまくらぎ
1950,1951年の製品が保存,展示されている.RCである.

[*1) 興和コンクリート㈱は2008(平成20)年4月1日に極東工業㈱と合併して,商号を「極東興和㈱」に変更.
[*2) 材料を混合して生コンクリートを作るプラント.

バッチャープラントはここで使用する生コンを製造しているが，まくらぎに使用するのは早強剤を添加した早強コンクリートである．骨材は天竜川の川砂利を使用している．少なくとも当分の間は採掘できるという．川砂利といっても川から採ってきたそのまま使用するのではなく，20 mm 以下にサイズを揃えるため大きいものは粉砕しており，ちょっと目には一般の砕石と変わらないが，品質は安心できるそうである．

写真 6-3
バッチャープラント
ホッパの下には常に製品を受け取るリフトカーが入っている．

写真 6-4
川砂利を砕いた骨材
原石は近くの天竜川から採取される．

プレテンション式 PC まくらぎの製造

　ロングベンチと呼ばれる床面に置かれた長い架台の一端に油圧ジャッキ式の緊張機，反対側に固定端があり，この間に型枠が縦に並べられる．ロングベンチの長さは 64 m．型枠の長さは新幹線などの 1,435 mm 軌間用が 2,400 mm，在来線などの 1,067 mm 軌間用が 2,000 mm である．中間に約 200 mm の隙間が必要なので，余裕を取れば最大 23 本縦に並べることができる．まくらぎは幅が小さいから 2 列配置として，1 基の緊張機で 1 回に最大 46 本製造できる計算になる．受注本数と手持ちの型枠の数から配列を決定する．

　型枠の中には多数の PC ワイヤが挿通される．PC ワイヤは 2.9 mm 径の「異形 PC 鋼」3 本撚りである．この他 PC ワイヤを囲むスターラップ[*3]や，締結装置の一部である埋め込み栓，またはショルダなども型枠内に配置される．まくらぎ本来の下面を上にしてコンクリートを打設するので，まくらぎの表面に刻まれるマークや数字等をプレスしたプレートが型枠の底部に置かれる．

写真 6-5　縦に並べられた型枠
2 列に並べられた型枠内には PC ワイヤが挿通されている．

---

* 3）長手方向の鉄筋を囲む直角方向の鉄筋

型枠内にコンクリートを打設し，蒸気で養生し，硬化したら緊張をゆるめ，型枠と型枠の間のPCワイヤを切断し，脱型する．端面の手入れ等をして検査し，合格すれば完成である．

　作業は1日サイクルで行われる．そこで時間経過でいうと，朝1番に前日打設したコンクリートの強度が出ていることを試験片で確認することから始まる．もし強度が不足していればもう1日寝かせる．OKであればゆっくりと緊張機のジャッキをゆるめ，この時点でPCワイヤの緊張力がコンクリート側に伝達される．あとは脱型し，仕上げ，検査という後工程に回るが，一方で新しい型枠の配置，PCワイヤの緊張，コンクリートの打設までをその日のうちに行って，終業後の夜間をコンクリートの硬化に当てる．つまり養生時間をはさんで後半の工程を午前中に，前半の工程を午後に行うことで1日サイクルとするのである．

　検査は表面や角のコンクリートのくぼみなどの外観検査もあるが，重要なのはレールが載る座面の精度である．座面は1/40の勾配で内側に傾いている．この間隔と傾きをゲージを当てて検査する．その他，抜き取りで荷重試験（曲げ破壊試験，埋め込み栓の引き抜き試験）も行うので，製造ヤードの裏手に試験室がある．

　なお，型枠の中間の不要となったPCワイヤはガスバーナで切断するが，製品に熱影響がないように切断は型から離れた中央部分で行う．そのほか型枠を組み立てている「くさび」の配置などがあるので前記のとおり200 mmの間隔を設けているが，この分のPCワイヤは無駄になるから，間隔はせまいほうがよいのはいうまでもない．

写真 6-6 緊張機
建屋の奥にプレテン用のベンチが伸びる．

写真 6-7 製品の荷重試験
曲げ破壊試験の準備をしている．

写真 6-8 プレテンション式の製品（上下逆向き）
端面に PC ワイヤの断面が見えている．

6章　PCまくらぎの製造現場

ポストテンション式PCまくらぎの製造

こちらでもロングベンチ上に型枠が置かれるが，縦長にする必要がないので平行に，隙間なしに並べられる．型枠内の両端に配置された支圧板の間に4本のPC鋼棒が配置される．一端はボタンヘッド，他端にはねじが切られ，ナットがかけられている．コンクリートの硬化後にこのナットを締め付けることによりPC鋼棒を緊張させ，両側の支圧板でコンクリートに圧縮を加えるわけである．JISに規定されるPC鋼棒の径は，8.35, 10, 11, 13 mmの4種である．

バッチャープラントからやってきたフォークリフトに取り付けられたスクリューフィーダ付きのバケットから型枠内にコンクリートが流し込まれる．コンクリートの打設された型枠を順次クレーンで吊って振動台に載せ，締め固めながらへこんだ部分にコンクリートを補充する．これが1列すべて終わったらシートをかぶせる．ベンチの下には蒸気配管が来ている．差し込み温度計もあるので，そのままの位置で蒸気養生（高温促進養生）を開始できる．これはプレテンションの場合も同様である．

ポストテンション式では，翌日の脱型後，PC鋼棒を締め付けてテンションを導入する．緊張機は油圧ユニットに接続された油圧式のレンチで，カウンタに緊張力とナットの移動量（鋼棒の伸び量）が表示される．所定のストレスが導入されたものはその旨を表示するスタンプがまくらぎに押され，端面の孔はモルタルで埋められる．PCまくらぎの端面にこの4つの埋め跡があればポストテンション式だと見分けられる．

「プレテン」が量産タイプであるのに対して，この「ポステン」は多品種少量，例えば実際にしばしばある1本，2本という注文にも対応できるのが特長だ．

写真 6-9
ポストテンション方式の型枠
平行に並んでいる.

写真 6-10
コンクリートの打設
リフトのホッパからコンクリートが型枠内に落し込まれる.

写真 6-11
振動台での締め固め
へこんだ部分にはコンクリートが補充される.

6章　PCまくらぎの製造現場

150

写真 6-12
蒸気養生
シートをかぶせ，夜間に養生が行われる．

写真 6-13
ポストテンションの緊張機と油圧ユニット
コンクリートの強度が確認されるとテンションの導入が行われる．

写真 6-14
端面の孔埋め
テンションの導入が終わったら孔が埋められる．

写真 6-15　最終仕上げ
製品置き場に移ってからも，出荷前の最終仕上げが行われる．

写真 6-16　ファスナの取り付け
最後に組み立て式のファスナを取り付けている．

出荷のトラック

この工場に鉄道線路は来ていないから、出荷はすべてトラックである．しかし街でまくらぎを積んだトラックなどあまり見かけないと思ったら，トラックが出て行くのは通常夕方で，客先の指定場所に翌朝に到着するのだという．高速道路などは使わないそうである．

大体，PCまくらぎなどは，それほど遠方まで運ぶものではないらしい．この工場からも，せいぜい首都圏や関西地区までで，それより先は他の工場が受け持つのだろう．

静岡工場は，少々交通の便は悪いがそれだけに自然に恵まれ，周囲の山にはウサギが棲み，キツネに似た獣を見かけることもあるという．この日もウグイスの声が聞かれた．工場設備は新しく，この種の工場としては格段に明るく，清潔な印象であった．

写真 6-17　出荷を待つ製品
広いヤードも製品で埋まっている．

7章　鉄道レールの製造現場

レール運搬貨車　福山製鉄所のレール積み込み場で

わが国のレールの製造の歴史

　明治新政府が「富国強兵」の旗の下に近代国家造りを目指したとき，鉄道網の整備は「富国」の方の重要テーマであった．当時，一日も早く欧米先進国にキャッチアップするため，多数の「お雇い外国人」を招聘したことはよく知られている．最も多かったのが文部省と工部省であったが，工部省が招いた延べ580人のうち450人がイギリス人で，その半数が鉄道関係だったという．

　鉄道を全く知らなかった日本では，当初は鉛筆から機関車まですべてイギリスからの輸入であり，レールも当然先進各国からの輸入であった．当時はヨーロッパでもまだ平炉，転炉などの製鋼法が確立しておらず，またレールも英国では双頭レール時代であったから，1872（明治5）年，汽笛一声汽車が走りはじめた新橋駅（現在，その跡地に「汐留駅」として復元されている）に敷かれたレールは「錬鉄製の双頭レール」であった．他に現在では見られない橋形レール（断面が几の字形）も使用されたと伝えられる．1880年代頃になって現在のような鋼製，平底レールの時代を迎える．当時世界各国から輸入されたレールは，線路用としての使命を終えた後も駅のプラットホームの屋根の柱などに姿を変えて，各地に残っている．幸いレールにはメーカー名や製造年月等が刻印（浮き出し）されているため，個々の輸入例をかなり具体的に知ることができる．

　しかし単純計算でも単線の鉄道を1km延長するのに「10mもの」のレールが200本必要なのだから，レールの国産化は急務であった．1901（明治34）年，九州八幡の地に官営製鉄所が操業を開始すると直ちにレールの生産が始まっている．しかし，後にも触れるが，高炉操業技術も確立していなかった当初のレールには欠陥が多く，全国で折損事故が相次ぎ，これを克服してレールの輸入に終止符が打たれたのは1930（昭和5）年のことであった[*1]．

　以後，民営化されて日本製鐵㈱となった後も久しく八幡製鉄所がわが国のレール需要を独力で賄ってきたが，第2次世界大戦後の1952（昭和27）年，集中排除法の適用によって当時の富士製鐵㈱釜石製鉄所で

---

*1) NHK総合テレビ「その時歴史が動いた」第278回「鉄は国家なり」（2007年2月21日放送）

もレールを製造するようになった．ところが1970（昭和45）年に富士製鐵が八幡製鐵と合併して新日本製鐵㈱が誕生するとレールが再び新日鉄の独占製品となりかけたので，釜石の生産を今度は日本鋼管㈱福山製鉄所が引き継ぐことになり，1972（昭和47）年以降今日まで，わが国のレールは八幡，福山の2ヵ所で生産されている．平成18年度版『鉄鋼年鑑』によると，平成17年度の「重軌条」の生産高は八幡が279千トン，福山が63千トンである．供給地が日本列島の西に偏っているのが，いささか気になる．

レールの製造方法

一般の形鋼も同じであるが，当初のレールの圧延方式は，いわゆる「孔型法」（図7-1 (a), 図7-2）であった．これはロールにカリバ（Kaliber（独），Caliber（英），孔型）と呼ばれる溝を加工して上下ロールの合わせ目に所定の断面を形成し，次々に断面の変化する孔型を通過させるこ

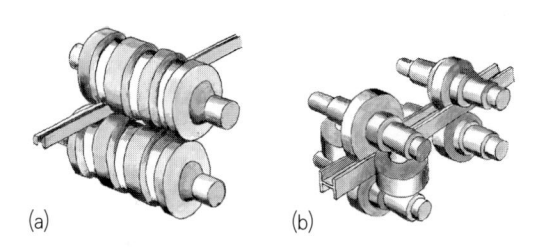

図7-1　2つの圧延方式（イメージ）
(a) は孔型ロール，(b) はユニバーサルロール．

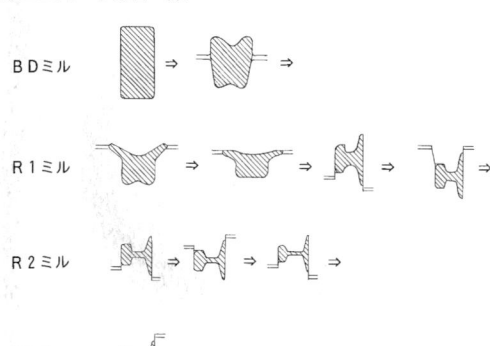

図7-2　孔型法の圧延スケジュールの一例
JFE社のパンフレットに筆者が加筆したもの．

とによって材料を所定断面形状に仕上げて行く方法である．圧延機は2段式あるいは3段式で，1組（上下2本または3本）のロールに複数のカリバを加工しておき，昇降テーブル，ガイドなどによって材料を往復させながら順次次の孔型に移動させる．3重式圧延機は回転方向を変えなくても中間ロールの上下で材料の進行方向が逆になるので，昔はよく用いられた．孔型の形状は，圧延が進むにつれて断面積を減少させるとともに製品の寸法に近づけるようにする．設計如何で製品の鍛練効果の分布に差が生じるのでノウハウがあり，孔型設計は一種の名人芸であったという．

一方，ユニバーサルミルによる圧延法は，わが国では1970年から実用化されたとされる新しいものである．ユニバーサルミルは水平ロールと竪ロールを組み合わせた構成の圧延機で，水平ロールはウエブとフランジの高さを，竪ロールはフランジの厚さのみを加工する．そしてフランジの端部のみを圧延するエッジングミルが併用される．

ユニバーサル方式は孔型方式に比べて，能率，ロール原単位，品質などの点ですぐれているとされるが，追って説明するように圧延機のメンテナンスが複雑で，小ロットの生産には必ずしも有利ではないようだ．

製造現場を訪ねる

JFEスチール㈱

西日本製鉄所

世界一の製鉄所

　今回（2007（平成19）年4月）訪問したのはかつての日本鋼管㈱福山製鉄所であるが，2003（平成15）年4月に日本鋼管㈱と川崎製鉄㈱が合併してJFEとなり，さらに旧日本鋼管の福山製鉄所と旧川崎製鉄の水島製鉄所とがひとつの製鉄所として再編成されたため，現在の正式な名称は「JFEスチール㈱西日本製鉄所・福山地区」という．水島は「倉敷地区」である（同様に首都圏でも旧日本鋼管の京浜製鉄所と旧川崎製鉄の千葉製鉄所が統合されて「JFEスチール東日本製鉄所」となった）．

　福山，水島はそれまでも粗鋼生産量でわが国でベスト3に入る大製鉄所であったが，この両製鉄所がひとつになったことで，2006年度の西日本製鉄所の粗鋼生産量は20,460千トンに達し，堂々の世界一である．

　もっとも，これまでのふたつの製鉄所がそのまま存在しているのだから，ひとつになったなどというのは名目だけではないか，と思われる向きもおられようが，所長は1人であり，各管理部門なども組織が統合されて同じ担当者が両方の地区を見るような態勢になっている．ちなみに両地区間の距離はわずか40km，車なら1時間足らずで，首都圏でのサラリーマンの普通の通勤距離よりも近い．

　福山，水島両製鉄所は最初の製造設備の稼働がいずれも1965（昭和40）年という，わが国でも新しい製鉄所である．瀬戸内海を埋め立てたという立地も同様であるが，水島が細長い敷地に沖合から陸地に向けて原料，製銑，製鋼，圧延と工場が並んでいるのに対して，福山は台形の敷地に東側から西に向けて原料，製銑，製鋼，圧延と流れるレイアウトである（11章の図参照）．レールを生産する形鋼工場は熱延工場，厚板工場と並んで敷地の西寄り地区のほぼ中央にある．レール専用の製造ラインがあるわけではなく，圧延計画に従い，他の形鋼に混じって月間3〜4回，各1〜2日ほどレールが製造されるのだという．現在ではサイクルの最後，週末に圧延されることが多いようだ．

レールの種類

はじめにレールの種類に触れておこう。鉄道用レールには，太さによって37kg，50kg，60kgなどの呼び名がある。数字は1m当たりの重量である。同じ重量でも規格によって形状が異なる場合があり，50N，50Tなどと区別する。

また熱処理の有無によって，普通レール（JIS E 1101）と熱処理レール（JIS E 1120）の2種があり，頭部全断面を焼き入れしたもののほかに，長さ方向の両端部分のみを焼き入れした端部熱処理レール（JIS E 1123）もある。以上国内用レールはJISによっているが，外国向けレールにはUIC（国際鉄道連合会）などの国際規格やBS（英国規格）などが適用される場合がある。

さらに特殊用途として路面電車用の溝付きレールや，第三軌条用の導電レールがある。

長さは原則として25mだが，新幹線用などに倍尺の50mもある。

写真 7-1　ブルームを満載した貨車
高熱のため床部には煉瓦が敷かれている。

レールの圧延工程

いよいよ福山のレール製造現場である．圧延計画の都合でレールは夜間となり，門を入って形鋼工場までの光景は，照明灯のみがこうこうと輝く静かな闇の世界であった．

圧延はレール製造工程の前半に相当する．前記したように設備はH形鋼を含めて他の形鋼と共用である．

ラインは加熱炉1基，ブレークダウンミル，R1，R2の2組の中間圧延機，そして仕上圧延機1基計4基の2段式孔型圧延機で構成される．このうちR2ミルは本来複数スタンドのユニバーサル圧延機であるが，H形鋼圧延時以外は不要なスタンドをラインから外し，1スタンドの2段圧延機のみを使用する孔型法による圧延である．孔型法でも製品の寸法精度その他，品質面で何ら優劣はないという．

ユニバーサル法によるH形鋼の場合，素材が正方形の両脇がくびれたH形断面のビームブランクであるのに対して，レールの素材は角棒状のブルームである．連続鋳造（以下「連鋳」と略す）工場から貨車で到着したブルームはまだ赤熱状態で，これをさめないうちに加熱炉に挿入する，いわゆるホットチャージである．

写真 7-2 加熱炉から抽出された赤熱ブルーム
周囲がパーッと明るくなる．炉床はウォーキングビーム式．

前記したようにレールの種類により断面積が異なるが，連鋳工場の鋳型の関係からブルームの厚みは同じで種類によって幅を変え，また同一断面であれば長さを変えている．

　加熱炉から赤熱されたブルームが抽出され，待ち構えたブレークダウンミルで圧延が開始される．7パスほどで隣のラインへ移送され，ここから仕上げミルに向けてこれまでとは逆方向に進む．R1，R2ミルはいずれも往復式の複数パスで，ロールにはパス数だけのカリバ（孔型）が設けてある．ロールに向けて噴射される冷却水が蒸気となり，材料の熱を反射して炎のようだ．圧延機を通過する度に真っ赤な圧延材が次第に輝きを失うとともに長くなって行く．仕上げミルは1パスのみ．ここの下ロールに浮き出しマークが刻まれており，横転状態のレール腹部下面にマークが転写される．その内容は，鋳片の頭部方向を示す矢印（←），製鋼法（転炉ならLD），レールの種類（50Nなど），ブランド名（JFE），製造年月（2007　4など）の順で，「レールが使用される限り読み取ることができるように鮮明に浮き出させる」ことがJISで決められている．

　仕上げミルが1パスのみなので，ロールには同じカリバを複数設け，磨耗したら順次新しいカリバに移動するようにして精度を保持している．

　ホットソーで25mあるいは50mに切断して，精整ヤードに向けて移送する．移送テーブルは25m×4面あり，赤熱状態のものは少し滞留させ，冷えたものから移送を行っている．移送疵を防止するためである．

写真 7-3 仕上げ圧延中のレール
昼間の撮影で,圧延されているのは実は H 形鋼だが,光景はレールのときとほとんど同じである.
(JFE スチール㈱提供)

写真 7-4 熱処理装置
熱処理レールのみが一旦ここへ入る.(JFE スチール㈱のカタログ「レール」より)

精整工程と検査

後半の精整工程では曲がりの矯正，正確な長さの切断，探傷などの検査，マーキングなどが行われ，結束されて出荷される．精整工程の入口に熱処理設備があるが，スラッククエンチ法による熱処理を行うのは「熱処理レール」のみであり，普通レールは熱処理を行わないので，熱処理設備は圧延ラインからの移送経路の中間に，寄り道のように配置されている．

JISの「鉄鋼用語（熱処理）」によると，スラッククエンチ（slack quench）とは「オーステナイト化温度から臨界冷却速度よりやや遅い速度で冷却して行う焼き入れ」であり，ゆるい（slack）焼き入れである．他の鋼材の制御冷却では水（スプレイやミスト），油なども使用されるが，レールの場合の冷却媒体は圧縮空気である．頭部全断面を均一に熱処理して微細組織化するために，エアノズルの配置などに工夫があるようだ．

圧延ヤードの最後にホットスタンパで刻印されて冷却床へ送られ，ここで完全に室温まで放冷される．ホットスタンパは先程の浮き出しマークの反対側の面に，製鋼番号，鋳造ストランド記号，炭素含有量，熱処理の種類等を刻印する．

冷えたレールが最初に通るのはローラ矯正機である．ローラが千鳥状に並んだ中をくぐり抜けて曲がりを矯正されるのだが，竪ロールと水平ロールの2方向で矯正が行われる．移送テーブル上での1次検査のあと，超音波探傷機による検査で記録を残すと同時に，目視による走間検査が行われる．

それは印象的な光景であった．4畳半ほどの小さな小屋に入って見ると，中央を鈍い灰色のレールがゆっくりと移動しており，4, 5名のヴェテラン検査員が上下左右から身じろぎもせずにこのレールを凝視していて，時折手にした棒の先のチョークでレールにマークを入れている．JISでは表面疵の許容値を定めており，グラインダ手入れによって傷の除去を行うことが認められているから，マークに従い，下流工程で再検査，手入れが行われることになる．

JISでは，寸法精度，化学成分，機械的性質など，レールの満足すべき数値がこと細かに規定されている．連鋳法による製造の場合，引張りなど機械試験用の試験片やサルファプリント，落重試験用のサンプルな

どは鋳片単位に1個採取すればよいようだが,それはホットソーで採取している.熱処理レールの硬さ試験などは製品そのもので行う.長さ1,000m毎に製品1本について均等に6ヵ所,などと定められている.

次の端正機は,冷間での最終長さへの切断と端部の孔あけを行い,プレス矯正ではレール端の曲がり検査を行う.これはレール端部の曲がり検査を1.5mの位置で行うJISの規定に従ったもので,必要に応じてプレス矯正も行う.波状測定機は新幹線用レールのみについて測定する.ゲージを当てて断面寸法をチェックする2次(最終)検査を経て端部の塗装による種別の表示を行い,3本ずつ組み合わせて(中央の1本を天地逆にする)結束すると出荷の運びとなる.何段階ものきびしい検査を経て,まれに不合格となることもあるが,25m1本が丸々不合格となるようなことは,まずないという.

なお,端部熱処理レールは2次検査のあと別ラインの端部熱処理装置を経て出荷される.

写真 7-5 出荷前の2次検査
ゲージを当てて最後の検査.合格するとラベルが貼られる.

レールの出荷

　この製鉄所の構内から山陽本線東福山駅までレールがつながっているJR西日本の場合を除いて，他の各JR，民鉄などすべてのレールは岸壁から船で出荷される．この形鋼工場から岸壁まではトレーラ輸送である．

　JR西日本向けも，製鉄所の東寄りにあるレール積み込みヤードまでは，やはりトレーラ輸送となる．というのも製鉄所構内の鉄道は軌間（レールの幅）が新幹線と同じ1,435 mmなのに対して，東福山駅への連絡線（法令上は「専用鉄道」）はJR在来線と同じ1,067 mmゲージだからで，形鋼工場から東福山までの直通はできないのである．おまけにJR西日本向けはレール長さが50 mが主力である．長さ50 mのトレーラなど，到底一般道路を走ることはできないから，製鉄所構内専用の特殊トレーラだが,形鋼工場からレール積み込みヤードまでの道路は,カーブをごく緩くした特殊なルートとなっている．

　積み込みヤードでは屋外天井クレーンが50 mのレールを2基の巻き上げ機で同時に吊り上げて貨車に積み込む．レール輸送専用の無蓋貨車は3両ないしは4両で50 mレールに対応できる．貨車は直線ばかりを走るわけでないから，線路の線形に従って積み荷のレールも左右に曲がりながら運ばれて行くのである．

写真 7-6　屋外天井クレーン
50 mレールを吊るためクラブ（巻き上げ機構）が2基ある．

写真 7-7 レール輸送用貨車
曲線に対応するため首振り式の固定支持具を使用する.

写真 7-8 戻り待機中のレール輸送用貨車
空車となって製鉄所へ戻る 6 両編成. 東福山駅で.

導電レールについて

　導電レールとは第三軌条式の電気鉄道に使用されるいわゆる第三軌条のことであるが，近年の相互乗り入れの普及に伴い，新しい地下鉄はほとんどが架線方式であり，東京，大阪，名古屋などの比較的古い地下鉄路線にしか採用されていないので新しい需要はほとんど考えられず，また走行レールと違って荷重条件がゆるやかで，腐食や集電靴による摩擦以外に損耗要因がないので，既設路線でも交換はほとんどないという．

　硬さや強さが要求されない反面，電気抵抗は軟銅の 7.2 倍以下と定められているので炭素量が普通レールの 10% 程度（0.08% 以下）と低い他，製造工程は普通レールとほとんど変わりがないが，福山での生産実績は年間 100 〜 300 トン程度とのことである．

写真 7-9　架線に代わって電気を供給する第三軌条用レール
新品レールの断面に使用後のレールをはめて 66 年間の頭部の摩耗状態を示す．営団地下鉄（東京メトロ）上野駅構内，1995 年 7 月撮影．

レールの輸出と日本製レールの品質

　現在のわが国で,レールを輸入することはまずない.特殊な例として,まれに路面電車用の溝付きレールの需要があり,最近の例では富山ライトレールが富山駅北口に新線を建設したが,結局溝付きレールは輸入したという.

　一方,レールの輸出はある.ブラジルの鉱石輸送や,アメリカ,カナダの石炭輸送用など,軸重などの線路条件がきわめて過酷な路線では日本製の熱処理レールが優れているという.硬さと引張り強さの2点が要求される.

　2007(平成19)年2月のNHKテレビ「その時歴史が動いた」で,明治期のレール国産化の話題を取り上げていた.官営製鉄所を造りレールを生産したものの,各地で折損事故が相次ぎ,暫くはレールの生産を取りやめる事態だった.折損したレールの断面を調べてみると腹部(ウエブ)の中央に不純物が層を成していたという.

　一方今日のわが国の製鉄所を見ると,製銑,製鋼部門では,脱硫,脱珪などの溶銑の予備処理,連鋳前の真空脱ガスなどの新技術,さらに連鋳法そのものによってスラグやスケール,不純物などの巻き込みはほとんどなくなっており,素材であるブルームの清浄度は往時に比較すれば格段に高まっている.また,造船用厚板,自動車用薄鋼板などの圧延分野では近年「制御冷却」と呼ばれる熱処理技術の進歩が目覚ましい.これらを総合して実現したのがいわゆる高級品,内部欠陥がなく,硬くて強い鉄である.熱処理レールも,まさにそのひとつといってよい.

　私見ではあるが,ここ福山に限らず,わが国の一流製鉄所においては,こうした技術力はほぼ伯仲しているであろう.しかし海外の製鉄所と比較すると,その格差は歴然たるものがあるという.量的な世界一などはいつ破られるかわからないが,高級品の製造技術に関する限り,わが国鉄鋼業の優位は当分ゆるぎないものと思われる.

線路と雑草

　　　夏草や　　鉄路の透間　　人目よぶ　　　　一歩子

　森 一歩子こと森 仁氏は山形県出身，現在千葉県在住で，プレファブコンクリート構造の建築基礎ブロックなどを開発した技術者である．当年90歳．俳句歴は長く，

　　　古きその　　瓦のてりや　　加賀の秋

は昭和47年の天覧句集の入選作品であった．

　「夏草や…」は，氏が電車を待っていたとき，ホームからふと見下ろした線路に，夏草がたくましく茂っていたさまを詠んだもの．したがって，手入れの悪いローカル線の線路に草が生えているのではなく，どうやら都会の近代的な線路にも草が生えているという情景のようである．口絵8の写真は，句のイメージから筆者が勝手に撮ったものである．

　雑草は，程よくつき固めた道床を崩すことしかしないから，砂利道床にとって天敵である．深夜に撒水車を走らせて除草剤を撒いていた時代もあったが，今どきそれも憚られるので，根絶させるのは難しく，都会の電車区間といえども夏草の侵入を許すこととなってしまうのである．砂利がよく整備されて水はけがよければ，栄養分もなく，雑草といえども根付かないのだろうが…．

8章　分岐器の製造現場

大和軌道製造の工場建屋

製造現場を訪ねる　大和軌道製造㈱

分岐器の製造現場

　分岐器はレールを機械加工し，組み立てて製造されるので，専門のメーカーが何社かある．今回（2007（平成19）年6月）訪問した大和(やまと)軌道製造㈱は，圧延鋼材，鉄鋼製品，造船，重機，加工品などを手がける大和工業グループから2002（平成14）年4月に軌道部門が分社化したもので，姫路市の海寄り，山陽電鉄網干線の平松駅から徒歩15分のグループの敷地の中に，本社ビルと工場がある．40〜50年前には見渡す限りの蓮根池だったところだという．

　分岐器は明治期にはイギリス，アメリカなどからの輸入であったが，いつごろから国産化されたか，はっきりしない．国鉄では部内で製作した例もあったようだ．この会社では第2次大戦末期の1944（昭和19）年に分岐器の製造を開始しており，わが国の分岐器メーカーとしては古株に属する．現在は各種分岐器のほか，ロングレール両端の伸縮継ぎ目や信号用の接着絶縁継ぎ目，締結装置などの軌道用品を製作している．

写真8-1　PCまくらぎで組み立てた分岐器
試験的に製作したもの．記念に展示されている．

分岐器観察の壺

　某テレビ番組（NHK 教育・「美の壺」）ではないが，分岐器の観察の壺は3ヵ所あるようだ．①ポイント，②クロッシング，③ガードである．これらにはそれぞれ，一見しただけでは分かりにくい細かい技術が隠されているのだが，これから詳しく見て行くことにしよう．

ポイントの見どころ

　分岐器の意味でポイントということがあるが，正確にはポイントは分岐器の一部であるトングレールが動く部分の名称である．分岐器そのものは英語では switch，あるいは turn-out という．

　鈍端ポイントを別にすれば，一般の分岐器のポイント部分では，一端がナイフのように鋭く削られたトングレールというものが使用される．

　今回の訪問で先ずわかったのは，トングレールの素材は通常のレールではなく，S レールと呼ばれる特殊断面のものだということである．S レールは special rail の略だが，欧米では thick web rail ともいい，通常のレールに較べてウエブが厚く，かつウエブが偏芯している．トングレールの先端を斜めに削ったとき，ウエブの肉を残すためである．このレールを JIS では「分岐器用特殊レール」と呼んでいる．図 8-1 に普通レールの 50N と，これに組み合わされて使用される S レールの 70S の断面図を示す．

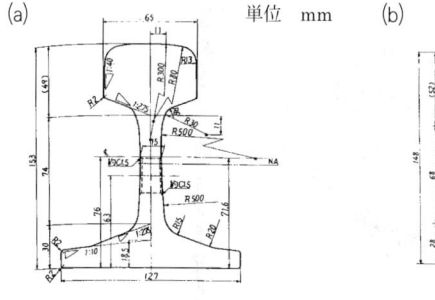

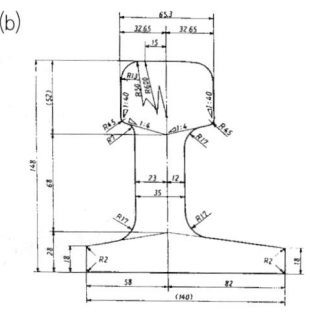

図 8-1　普通レールと S レールの断面
(a) は 50N レール，(b) はこれと組み合わされる 70S レール．S レールのウェブが厚く，かつ偏芯しているのがわかる．（JIS E 1101 付図より）

現在わが国でこのSレールを生産しているのは前章でご紹介したJFEではなく，新日本製鉄八幡である．消費量が普通レールに較べてきわめて少量なので，2社で分担するにも及ばないのだろう．

わかったことの第2は，以前のポイントレールは先端がかみそりのように薄く，底部も片側のみで先端の断面はL形をしていたが，新しいものは接着する相手の基本レールの頭部を1/3勾配で斜めに削り，トングレールはその分だけ厚くしてその中へ入り込む構造となっていることだ．これを「抱き込み形」と称する．文章では分かりにくいので，これも図8-2を見てほしい．

第3に，後方のリードレールとの接続構造がいろいろある．従来タイプのものは「滑節式」と呼ばれ，ヒール部が継ぎ目板を介して2本のボルトで，多少の隙間を設けて支持されており，ボルトにはカラーがはまり，ボルトはカラーを締め付けるのでヒールには直接締め付け力は作用しない構造である．ヒール部にはカラーの入る大きな丸孔が設けられる．

これに対して「関節式」と呼ばれるものはヒール部のウエブに円筒を縦に2分割した形状のくぼみを加工する．外側の継ぎ目板にはこれに合わせた突起を設けてはさむので，レールはここを関節として回転する．

さらに「弾性ポイント」と呼ばれるものはトングレールがリードレールに溶接接合されており，ポイントレールの底部を一部切り欠いて曲がりやすくしてある（詳しくは4章参照）．ポイントレールは転轍機の作動によって弾性変形する．

以上説明した順にヒール部のレール継ぎ目の隙間が減少し，高速運転に対応したポイント構造となる．

Sレールから製作されたトングレールも，後端のリードレールに接続される部分では普通レールと同じ断面をしている必要がある．そこで後端側は加熱，鍛造して断面を修正している．このための鍛造設備，加熱炉と鍛造プレスは構内の別棟にある．

トングレールの先端部加工については追って説明する．

図8-2 抱き込み形のポイント構造
基本レールの頭部裏側が削られ，その分トングレールの先端が厚くなっている．（JIS E 1305 付図より）

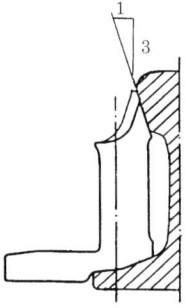

写真 8-2
滑節式のヒール部
カラーが入るので丸い孔がボルト孔より大きい．

写真 8-3
関節式のヒール部
継ぎ目板にはさまれるくぼみが加工されている．

写真 8-4
鍛造されたヒール部
接続される普通レールと同じ断面に鍛造し，加工されている．

8章　分岐器の製造現場

クロッシングの見どころ

　クロッシングは車輪のフランジが2方向に通過するために軌間線が切れる，いわゆる欠線部分で，分岐器の最大の弱点部分である．

　向かい合った1対の「くの字」レールをウイングレールといい，その先にあるV字形のレールをノーズレールという．従来のノーズレールは2本のレールを「入」字形に組み合わせ，ボルトで連結して床版に取り付けた構造であったから，使用につれて隙間が生じたりして問題があった．そこで注目されたのがクロッシング部分全体を耐摩耗性にすぐれたマンガン鋼で一体に鋳造したマンガンクロッシングである．マンガン鋼鋳物は外部調達だが，コマツ（現・コマツキャステックス㈱）が撤退したため，現在これを供給できるのは㈱大同キャスティングス1社である．しかし鋳造品は巣とか不純物などの内部欠陥の可能性がつきまとう上，前後の普通レールとの溶接性にも問題があることから，最近では一時に較べてあまりもてはやされなくなっているという．

NEW クロッシングの登場

　そこへ登場したのが電子ビーム溶接によるクロッシングである．素材のレールを「V」という字の中心線まで削り，隙間なしにぴったり接合し，前後にエンドタブ[*1]を設け，ウエブの位置にはバックメタルを挿入して，上部のキーホールと呼ばれるくぼみと下部のバックメタルとの間で縦向きに電子ビーム溶接を行って接合を行うのである．このクロッシングは「NEW クロッシング」と命名されているが，この言葉は Non-groove Electron Beam Welding Crossing（無開先電子ビーム溶接クロッシング）の略として JIS にも記載されている．

　この技術に関しては，この大和軌道製造の特許（特許第1954386号，第2965280号など）が成立している．そこで当日聞き漏らした部分は特許公報から補って，やや詳しく説明してみよう．

　機械加工したレールを組み合わせ，治具で固定して予熱炉に入れ，全体を400℃に予熱する．予熱後，底部を上にして溶接室に搬入し，真空

＊1) 欠陥部が製品に残らないように，溶接線の始・終端を延長して取り付けるピース．

写真 8-5
溶接を終わったNEWクロッシング
このあとスラッククエンチ処理される.

写真 8-6
クロッシング部組み立て品
ウイングレールともども,頂部が平面に加工されている.

写真 8-7
クロッシング部の組み立て
ノーズレールの外側にウイングレールを取り付ける.

状態で電子ビーム溶接を行う．電子ビームの移動速度は毎分 200 mm 程度というからかなり速い．溶接終了後所定時間を待って再び予熱を行い，今度は頭部側を同様に溶接する．終了後，後処理として電気炉に装入して 450～550℃に加熱して溶接作業を終了し，さらに頭部側はスラッククエンチ[*2]による熱処理を行って微細パーライト組織とする．

電子ビーム溶接は，TIG 溶接[*3]などと異なりフィラーワイヤを使用しないため溶接部と母材との成分変化がなく，入熱も少ないので熱歪みがほとんどないなど，さまざまな利点がある．

なお，NEW クロッシングに限ったことはないと思うが，レールの頭部は中央が盛り上がった形状だから，これを削って組み合わせると V 字形の中心線はレールの高さ以上にはならない．フランジウエイとも呼ばれる欠線部を有するクロッシングにおける支持面積を増大させるためには，ノーズ先端付近に合わせてウイングレールを少し盛り上げた上で，あらためて車輪の踏面形状に合わせて切削することが好ましい．このため，ウイングレールは予め鍛造によって断面を変形させている．

なお，NEW クロッシングの他にもレール製の溶接クロッシングが製品化されている．

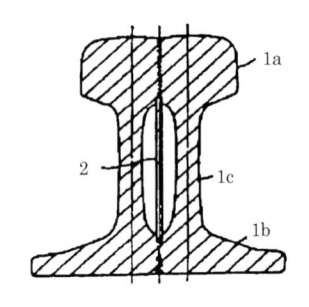

図 8-3　NEW クロッシングの断面
1a はレール頭部，1b はレール底部，1c はレール腹部，2 はバックメタル．
（特許公報より）

[*2) 7 章 p.162 参照
[*3) 熱的に強いタングステン電極（T）を使い，不活性ガス（IG）雰囲気中でフィラーワイヤを溶かしながら行う溶接法．

工業規格と特許

　ISO や JIS に代表される工業規格は，工業製品の設計や製造に際して材料，寸法，形状等を標準化して所定の品質を保証すると同時に互換性を付与することを目的としている．したがって該当するすべての製造者が遵守することができるように配慮して制定されている．

　一方，特許というのはすぐれた発明をした者に一定期間独占的な実施を認めるとともに，その期間を過ぎたらその発明を誰でもが実施可能とすることによって技術の進歩，産業の発展を期するための制度である．

　したがってこれらふたつのものはそもそも目的が全く異なるから，特許に該当する技術を規格に盛り込む，ということは行われないのが普通である．ところが「JIS E 1303 鉄道用分岐器類」を見ると，「NEW クロッシングの製造」なる項目があり，これには次の特許がある，として特許番号が記されている．これは JIS としてはいささか異例だが，よく見ると，クロッシングは NEW クロッシングにしろとは書いてなくて，製造方法は，組立式でも，普通の溶接でも，圧接でも，鋳造（マンガンクロッシング）でもかまわないのである．無開先電子ビーム溶接で製造する場合には特許がありますよ，と親切に注意しているだけのようだ（いうまでもなく大和軌道製造の特許であるが，残念ながら筆者の持っている版では特許番号にミスがあり，肝心の公報を取り寄せることができない）．現に，圧接クロッシングには次の特許がある，と別の特許番号が書いてあり，調べてみるとこれは峰製作所と鉄道技術総合研究所の共同特許である．マンガンクロッシングを鋳造できる会社も限られているようだし，要するにクロッシングのタイプを選ぶことで製造会社は決まってしまうようだ．

ガードの見どころ

　曲線部分や踏切などで内側に設置するレールもガードということがあるが，ここでは分岐器の中に設けられる狭義のガードである．車輪がクロッシングの欠線部分で異方向に進入するのを防止するため，このガード部分には，主レールの内側に反対側の車輪の裏側をガイドするガードレールが設置される．従来のガードレールは普通のレールの両端を折り曲げたものだったが，現在のものはレール自体は直線状のままで，頭部だけ，両端部分を斜めに削ってある．レール自体が曲がっているとまくらぎに取り付けるのにも締結装置を斜めに置かなければならないが，直線状であればその必要はない．

　さらに，主レールに対する取り付け構造に2種類ある．C形と呼ばれるものはスペーサブロック（間隔材）を介して主レールに通しボルトで締め付けるので，間隔を調整するにはボルトを抜いて間隔材を取り替える必要があるばかりでなく，ガードレールが主レールと共に動くのでバックゲージ[*4]の保持に難点があるが，新しいH形と呼ばれるものはガードレールの裏側に取り付けられた支持ブロックに固定されるので，自由に位置決めでき，バックゲージも確保できる．

＊4）1対の車輪の裏側の間隔．脱線防止に重要な寸法である．

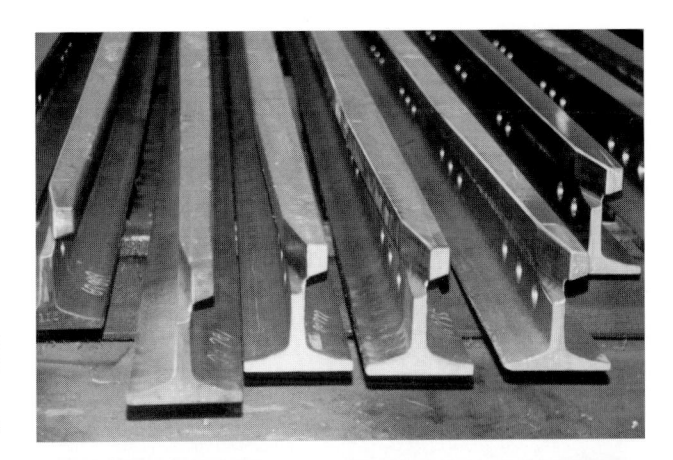

写真 8-8
頭部だけが斜めに削られたガードレール
底部は直線状のままなのがわかる.

写真 8-9
C形の取り付け構造
スペーサブロックを介して基本レールに取り付けられる.

写真 8-10
H形の取り付け構造
背面の支持ブロックに取り付けられる.

8章 分岐器の製造現場

分岐器の組み立て

　分岐器は一旦この工場で完全に組み立て，寸法検査，作動試験を行ってから分解して現地に送り，現地では工場と同じ状態に再現する，というのが普通のようである．特に保線部門の下請け化などで受け取る鉄道会社側にベテラン作業者が少なくなっている状況では，工場での仮組みは欠かせない．

　建屋の一画にこのための広いスペースが用意されている．最も大がかりな新幹線用のシーサースクロッシングが組めるように，スペースの長さは約140 m ある．この日は片開きの分岐器が 2 基，組み立て中であった．1 基は合成まくらぎ，あとの 1 基は木まくらぎの分岐器である．

　架台の上にまくらぎが並べられ，順番に番号が付される．まくらぎは後ろにいくほど段々長くなる．しかしシーサースクロッシング用等の特に長いものは調達が大変だし，現地での出し入れにも厄介なので，継手金物を使用して通常のまくらぎを継ぎ足したものを使用する．

　基準線に合わせて水糸を張ってレールの位置を決め，締結装置を組み付ける．分岐器の前（進入側）はレールが 2 本，後ろ側は 2 組 4 本になるから，同じまくらぎに 2 本から 4 本のレールが載り，各レールの両側に締結装置があるので，ばらばらにしたときに 4～8 種類を区別しなければならず，赤，緑などに色分けした合いマークが金物とまくらぎにまたがるように印付けされる．

写真 8-11
分岐器の組み立て
（その 1）
木製まくらぎに床板が配置される．

写真 8-12
木製まくらぎと床板
床板をまくらぎに固定するボルトと,レールを床板に固定するボルトとが混在する.

写真 8-13
分岐器の組み立て(その 2)
ほぼ組み立てが完成している.

写真 8-14
分岐器の組み立て(その 3)
こちらは分岐器用として一般的な合成まくらぎである.

写真 8-15
木まくらぎの継手
普通のまくらぎを継手でつないで長くする．

写真 8-16
合いマーク
現地での再組み立てに備えてまくらぎ番号と，色分けされた合いマークの印付けが施される．

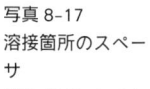

写真 8-17
溶接箇所のスペーサ
弾性ポイントのトングレールのリードレールとの溶接は現地へ行ってからになるので，この段階では開先に相当するスペーサが挿入される．

主な製造設備

　トングレールの先端部分を斜めに削るには，古くは大型プレーナが使用された．しかし罫書き線に合わせるワークのセット，発生する切り屑の除去など，人間がやらなければならない作業が多く，プレーナには限界があった．列車の高速化に伴って分岐器番数が上がり，トングレールが長くなったこともある．新幹線用の長いトングレールは18mにもなる．プレーナでは1回で加工ができず，段取りを変えて2回で削るとなると手間もかかるし精度も悪くなる．

　昭和50年代にNC制御，5面加工ができるマシニングセンタが導入されるとこうした問題点の多くは解消され，直線以外の加工も自在になった．マシニングセンタは1つのワークに対して工具を変えてすべて

写真8-18　まだ現役のプレーナ
切削するトングレールがセットされている．

写真8-19
マシニングセンタ
NC制御で5面加工ができる．

の機械加工をやってしまうから、たとえば床板のボルト孔とレールの嵌まる溝との相対寸法が正確に出るので、従来のようにまくらぎに取り付けるのに現物から「写し孔」で孔あけする必要がなくなり、まくらぎに直接本孔をあけることが可能である。

　そして現在はさらにレール加工専用機2基が活躍している。この機械では、予めレールストッカにレールをセットしておけばオートローダがパソコンの指示するレールを取り出して加工機に搬送し、位置決めしてクランプまでやってしまう。あとはパソコンからダウンロードされた加工プログラムに従って加工が行われ、完了すれば再びストッカへ戻される。加工で発生する切り屑の自動除去や、素材レールが曲がっていても追随機能によってそのまま加工できるなど、完全無人化への対策も万全である。弾性ポイントなどでレールの底部を加工するときは、カッタと干渉するクランプだけが一時逃げるようになっているので、これまでのように上下逆にして再加工する必要もない。

　人間は週休2日制でも、この機械はその間、黙々と連続で働き続けてくれる。

写真8-20　レール加工専用機
見えているのはオートローダ部分。その遠方に加工機本体がある。

写真 8-21　マシニングセンタ用パレット
床板の素材である鋼板がセットされている.

写真 8-22　鍛造設備
右手が加熱炉，その左にフリクションプレスがある.

鍛造設備については前記したが，レールの端部だけを加熱する加熱炉と，鍛造用フリクションプレスがある．

　分岐器に関係する部品は数万種類に及ぶという．その中から1基の分岐器に必要な数百種類の部品を選び出す作業は，以前はベテラン作業者が，あたかも活字工が原稿を見ながら必要な活字を拾うように行っていたのだそうだが，もうそういう時代ではない．この工場でも立体倉庫を導入し，部品をコード化して図面から必要なものを過不足なく集めるシステムが採用されている．

　この工場には約130名の社員が働いているが，組み立てヤードを除けばさほど労働集約的な感じは受けなかった．鍛造の加熱炉以外には特に高熱作業もない．しかし初夏の午後でもあり，建屋内では至る所で強力な扇風機が風を送っていた．やがて本格的な夏を迎えると，全員が小型扇風機を内蔵した特殊な作業服を着用するそうである．「空調服」と呼ばれているものらしい．

写真8-23　立体倉庫
数万種類の部品をストックし，取り出せる．

9章　JR貨物・塩浜駅

タンク車が並ぶ塩浜駅構内

分岐器の遠隔制御

　今は見られない光景だが，全国に貨物列車が盛んに走っていた時代，ちょっとした国鉄駅には日通の倉庫と貨物ホームがあり，到着した貨物列車からその駅止まりの貨車が切り離されてそのホームに送り込まれ，また逆に積み下ろしを終わった貨車が機関車に引かれて停車中の貨物列車に連結されていた．機関車と貨車が構内をあちこち移動する際，赤と緑の旗をもった操車掛が先頭に乗って機関車に合図し，前方の転轍器を切り換えて進路を変更していた．分岐器に近づくと列車から飛び下りて急いでポイントを切り換え，すぐまた飛び乗るのである．それには単純な1動作で切り換えのできる「重錘式」の転換装置が便利だったようである．しかし万一枕木にでもつまづいて転倒でもしようものなら自分の乗っていた機関車に轢かれかねない，危険極まりない作業であった．

　一方，大きい駅や操車場などでは，専門の職員（信号掛）の詰める「信号扱所」が設けられていて，複数の転轍器がここから遠隔操作される．

　路面電車でも，系統が複数あって途中で進路が分かれる場合がある．かなり昔の地方都市では（外国では今でも），運転手が電車を降り，線路脇の溝に何やら棒切れを突っ込んでポイントを切り換えるという光景が見られたものだが，大抵の大都市では交差点の一画の歩道に塔のような小屋が設けられていて，この中の係員が電車の行き先を見てポイントを切り換えていた．路面電車が一般に番号などの系統種別を前面に大きく掲げているのは，もちろん乗客のためであるが，このような係員からよく見えるためでもあった．

　路面電車の転轍器は通常電動であり，この小屋の中のスイッチ（多分「転轍てこ」と呼ばれていたのだろう）で遠隔操作し，転換装置の本体は歩道の隅の目立たないところにあり，道路の真ん中のポイントまで動作桿がのびている．この点は現在も同じであるが，かつての係員による「てこ操作」に代わって，現在ではトロリーコンタクタなどと呼ばれるスイッチがトロリー線に取り付けられ，電車の集電装置がこれを叩くとポイントが切り替わる方式などが採用され，停車位置やタイマの待ち時間などと併用して電車自身で進路を選択できるようになっている．選択された進路と進入許可は交通信号の下部の黄色の矢印点灯で示される．

写真 9-1　路面電車の信号扱所（右側に見えるガラス張りの建物）
仙台市電の大学病院前．（1976 年 3 月撮影）

写真 9-2　路面電車の転換装置（左端に見える箱型のもの）長崎電軌，西浜町．

鉄道の現場を訪ねる　JR貨物　塩浜駅

塩浜駅を訪ねる

　一般の分岐器は1本の線路を2の進路に分けるものであるから，前方にn本の進路があれば，少なくとも(n−1)基の分岐器が必要である．大きな駅や操車場など，線路が複雑に枝分かれする場所では，複数の分岐器があって，これらを系統的に制御して進路を決める必要がある．それには，操作する場所を1ヵ所に集め，それぞれの分岐器を遠隔操作する必要が生じる．

　鉄道貨物華やかなりしころ，全国各地に広大な貨物ヤードがあり，地方の小駅といえども1，2本の貨物側線と貨物ホームがあったものだが，今日ではそのほとんどが姿を消し，線路が10本以上もある貨物駅というのは貴重な存在である．2004（平成16）年4月のある日，日本貨物鉄道（通称JR貨物）のご好意で三重県四日市の近くにある旧・関西本線，現・JR貨物の塩浜駅をお訪ねすることができた．

　図9-1に示すのは，塩浜駅[*1]構内配線図である．この駅では，構内の多数の分岐器を現在（訪問時）なお人力で機械的に転換している．かつては全国どこでもそれが当たり前であったが，現在ではそのほとんどが電気制御による継電式連動装置にとって代わられ，人力・機械式は，今や全国唯一かどうかはわからないが，珍しい．作業に当たる方々にはご苦労なことではあるが，現役の機械式連動装置は産業考古学的にも貴重な存在である．

　電気式の場合は進路を指定すれば関連する各転轍器がそれに合わせて一斉に転換されるが，機械式の場合はそうではなく，マニュアルにしたがって人がいちいち判断し，また確認しなければならない．誤操作防止のための複雑な保安機構も必要で，そのメンテナンスも大変である．

　さてこの塩浜駅では，到着した貨物列車は行先別に分割されて，この周辺にある工場の専用側線に向かう．

図 9-1 の向かって左が四日市方面で、この方向に「三菱化学」があり、また右手方向には「昭和シェル石油」と「石原産業」の工場がある。

　駅構内の線路は合計 12 本あるが、下から数えて 1, 2 番線は本線（1番が到着、2番が出発）5, 6 番線は三菱化学、4, 9 番線が昭和シェル、11 番線が石原産業、8 番線が機回り線と、およその使い道が決められている。

　ではこれから、図 9-1 の向かって左側の分岐器群を詳細に観察することにする。なお右側の分岐器は遠隔操作ではなく、その場所で操作する「現場扱い」である。

　分岐器には番号が付いている。左端の 12 イ、12 ロは単線から複線に分かれる本線上の分岐器で、2 基一組の「双動転轍器」であり、13 以降は単独である。

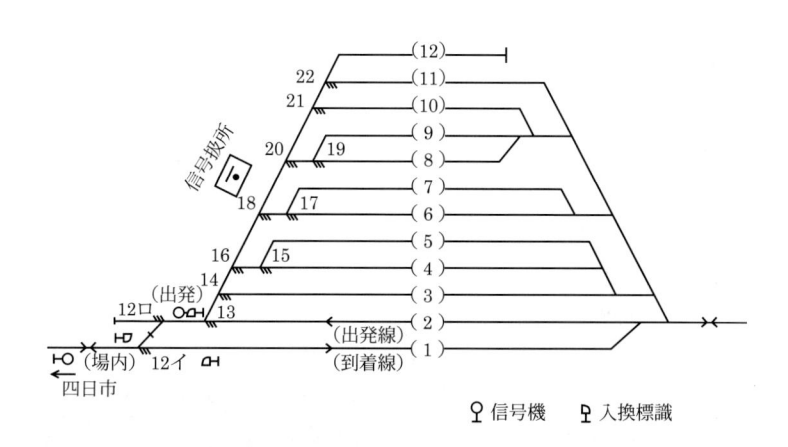

図 9-1　塩浜駅構内配線図
転轍器の 12 イ、12 ロ、13 は電動式、14〜22 は機械式である。数字は分岐器番号、（　）は番線。説明に不要なものは省略した。

＊1）同名で紛らわしいが、川崎市に貨物用の塩浜操車場があり、現在は川崎貨物駅と改称されている。

定位と反位

　図9-1で各分岐器に毛羽を付してあるのは,「定位」の開通方向を示す.4章でも説明したように,定位(normal position)とは装置が常時取られる状態,あるいは分岐器の開通させておく方向を示し,それ以外の状態または方向を「反位(reverse position)」という.信号保安の分野で重要な概念で,分岐器や信号機などにはすべてこの区別がある.

　たとえば4章で説明した脱線分岐器は,列車がやってきたら脱線する方向が定位である.脱線させる必要のない正当な列車が接近したときに限って反位に転換する.反位をとった状態ではこの分岐器は存在しないも同然で,列車は何事もなく通過してゆくが,予期しない列車が通過しようとしても定位をとっていれば否応なしに脱線させられてしまい,前方の本線には進入できない.駅長が出発の合図を出したときだけこの分岐器は反位をとり,その列車が通過してしまえばただちに定位に戻される.

　出発信号機,場内信号機などの停車場に設置される信号機も同様で,出発信号機は常時は定位でR(停止)を示しており,出発OKの条件が整った場合に限り「信号てこ」を操作して反位に変えると,前方に列車がいなければG(進行)信号が出て,「出発進行![*2]」となる.

写真 9-3　信号扱所
左手の2階だけに窓のある建物.

[*2)]「出発進行」というのは「出発信号機が進行(G)を現示している」という意味で,運転士が確認のため声に出してこのように喚呼するのである.だから注意信号(Y)で出発するときは「出発注意!」となる.

写真 9-4
信号扱所から見た塩浜駅構内
転換用のパイプは左端の通路脇の金網の下を通っている．見えている中では 19 番分岐器（矢印）が一番遠いが，もっと遠い筈の 22 番分岐器は列車の陰で見えていない．ともかくここまで人の力で動かすのである．

写真 9-5
てこを引く
信号扱所の 2 階．進路に合わせ，該当するてこを引いて反位にする．

写真 9-6
機械式の転轍てこ
リバーとも呼ばれる．11 基あるが使われているのは左の 9 基で，いま 14, 16, 18 番の 3 基が手前に引かれている．

進路の設定

塩浜駅の話に戻って，例えば四日市方の本線にいる機関車（単機）を8番線に進入させる場合を考えてみよう．

まず12，13の分岐器を反位にしないと，3番線以下のヤードの部分に進入できない．さらに14，16，18も反位である．19，20は定位でよい．それ以外の分岐器はとりあえず今は関係ない（ということは当然「定位」である）．

操作を行なうのは，「信号扱所」と呼ばれる建物で，図では四角の記号で示されている．ここの2階に係員がいる．図で横線は連動盤，黒点は扱い者の立つ位置を表す．構内の信号機にも1Rとか2Lなどの符号が付けられるが，連動盤との位置関係から扱い者の身体の向きが決まるので，扱い者から見て向かって左方向に進む列車に対する信号機にはLが，右に進む列車に対する信号機には数字の後にRがつく．

連動装置には第1種と第2種とがあり，第1種は信号機，転轍器のすべてのてこを集中して遠隔操作し，第2種は信号機だけは遠隔操作するが転轍器は現場扱いとするものである．したがって塩浜駅の連動装置は第1種で，電気てこと機械てこを使用して転轍器と信号機を操作し，相互間の連動を行うものである．

写真9-7
「進路構成時における取扱い転てつ器番号」の一覧表
進入経路毎に反位の転轍器番号には赤丸が付けられている．右側の実際のてこをこの表と見比べ，指差し確認をする．その右の縦長の箱は電気てこの信号表示パネル．上半部分に電気てこ表示灯が並んでいる．左が12番，右が13番転轍器用．

写真 9-8
転轍てこ裏側の鎖錠装置の鎖錠軸部分
蓋を外して見せて貰った．

写真 9-9
転轍てこの真下の1階部分
ロッドの上下の動きがこのバーチカルクランクで水平方向の動きに変わる．

写真 9-10
信号扱所の階下地面部分
まくらぎ方向の動きがデフレクションバーでレール方向に変換される．

9章　JR貨物・塩浜駅

この信号扱所には，まことに存在感のある転轍器用の転轍てこが14〜24番の計11基並び，3番線から12番線までの進路構成の転轍器変換に使われる．使用頻度が高く，かつ本線に係わる分岐器である12番イおよびロ，13番の3基は電動化されていて，「電気てこ」と呼ばれるラッチ付きの小型てこで操作され，出発信号機，場内信号機および入換標識の現示制御を同時に行っている．これは転轍てこ群の左側上部にある．また23，24番の2基は現在該当する分岐器がないので，使われている機械式の転換てこは14から22番までの9基である．

　写真9-6では上記の例のとおり，14，16，18番の3基のてこが手前に引かれているのがおわかりであろう．定位の状態ではてこは奥に収まっている感じで，手前に引かれた反位のてこだけが目立つ．てこの脇には各進路毎のてこの条件が一覧表になって示されている（図9-2参照）．すなわち，反位を○印で示せば，8番線の場合は

　　　　⑫，⑬，⑭，⑯，⑱，19，20

である．てこの柄の部分に数字が書いてあるので，電気式の⑫，⑬を別にしても⑭，⑯，⑱の3基が引かれており，あとのてこが引かれていないことは，ひと目で確認できる．

本線⇔	1番	12						
〃 ⇔	2番	⑫	13					
〃 ⇔	3番	⑫	⑬	14				
〃 ⇔	4番	⑫	⑬	⑭	15	16		
〃 ⇔	5番	⑫	⑬	⑭	⑮	16		
〃 ⇔	6番	⑫	⑬	⑭	⑯	17	18	
〃 ⇔	7番	⑫	⑬	⑭	⑯	⑰	18	
〃 ⇔	8番	⑫	⑬	⑭	⑯	⑱	19	20
〃 ⇔	9番	⑫	⑬	⑭	⑯	⑱	⑲	20
〃 ⇔	10番	⑫	⑬	⑭	⑯	⑱	⑳	21
〃 ⇔	11番	⑫	⑬	⑭	⑯	⑱	⑳	㉑	22
〃 ⇔	12番	⑫	⑬	⑭	⑯	⑱	⑳	㉑	㉒

図 9-2　塩浜貨物駅の「進路構成時における取扱い転てつ器番号」の一覧表
信号扱い所の「てこ」の脇に掲げられているもの．○は反位で，その番号のてこが引かれていることを示す．

写真 9-11
デフレクションバーのクローズアップ
動きを変換する円弧状ロッドによるスライド機構.

写真 9-12
エスケープクランク
左手はトングレールに連結された動作桿である.

写真 9-13
Wクランク
移動方向を逆転させるとともにパイプの伸縮を自動的に調整するクランク.

9章　JR貨物・塩浜駅

遠方の分岐器の操作

この信号扱所から最も遠い分岐器までは，少なくとも100mはあるだろう．信号扱所の2階にあるてこで，人力によりその分岐器を転換するのである．2階の床下から分岐器まで，鋼管製の長い棒が延々と伸びている．線路脇の溝の中などを通してあり，同方向のものは途中まで一緒に並んでいる．なお，てこでは手前に引くと反位だが，先方の分岐器では逆になるような場合は中間にクランクが挿入されるし，向きの変わるところにもそれなりの仕掛けが設けられる．それにしてもこれら全体を動かすのはかなり重い筈だし，出した力の何割が遠方の転轍器まで届くのか，純機械システムは何とも効率の悪いものだと実感する．

列車の発着

筆者がこの塩浜駅を訪れたのは2004（平成16）年4月の土曜日の昼間である．この日は，

- 12時40分　四日市方から第8255列車が1番線に到着
- 13時35分　四日市方から183列車が1番線に到着
- 機関車は15時27分発174列車となって単機四日市へ戻る（牽引車両のない機関車のみの列車を「単機」という）
- 16時08分発で8162列車が四日市へ向かう

という上り，下り2本ずつの列車の着発があり，この間に，到着した貨車の仕分けや機関車の付け替え，発送列車の仕立てなどが行なわれる．

8番線は「機回り線」といって，切り離された機関車が単独行動をとるための迂回ルートである．ヨーロッパなどでよく見かける頭端式のターミナルで，行き止まりの終端近くに分岐が設けられているのは，列車から切り離された機関車が隣の線路を通って脱出するための機回り用であるが，この塩浜駅では8番線をこの目的のために常時空けてある．ここに車両を停めてしまうと，到着した列車の機関車が反対側に行くことができない．

以前であればさまざまな貨物を積んだ各種の貨車が混結されていたから，この塩浜のような拠点駅では到着した長い貨物列車を送り先順に連結し直したりする作業があったが，最近では貨物列車自体が特定の工場

写真 9-14
塩浜駅に進入する
8255 列車
四日市方面からの化成品専用コンテナ列車である．向こうを走るのは近鉄線の電車．

写真 9-15
機回り中の機関車
これまでと反対側に連結するため，空き線を使って回送している．

写真 9-16
発車準備完了の
8162 列車
付け替えられた機関車は，空コンテナ車を牽引して再び四日市方面へ向かう．

9章　JR貨物・塩浜駅

の特定の品物を運ぶもののみとなって，実質的にはタンク車とコンテナ車で編成した列車しか走っておらず，何両連結されていてもひとまとめに扱えるので，入換作業はかなり単純なものとなった．しかも従来最後部にあった車掌車が近年廃止されたから，列車の向きが変わる場合でも，機関車が反対側に回るだけである．機関車もディーゼルだから，ターンテーブルで向きを変える必要もない．

　信号扱所も構内も人影はまばらで，頻繁に電車が通過するお隣の近鉄線に較べると大変静かな塩浜駅であった．

10章　製鉄所の鉄道

JFE で最新・最大の第 5 溶鉱炉

一貫製鉄所

　「製鉄所」といえば，上工程である高炉から圧延等の下工程までを同じ敷地内で一貫して行う「銑鋼一貫製鉄所」を指す．一貫製鉄所ともいう．わが国では北の北海道・室蘭から南の九州・八幡，大分まで，10ヵ所以上を数える．

　そこには鉱石などの原料ヤードに始まり製銑，製鋼，圧延等の各工程の生産工場のほか，給水やガス供給，電力など各種付帯設備が配置されて，広大な敷地もほとんど埋めつくされているが，高炉(溶鉱炉ともいう)以下の各生産工場ではそれぞれの工程に従っていわば独立に操業が行われ，製鉄所では日夜，膨大な量の原料や中間製品，出荷製品などがこれらの工場間を移動している．「製鉄業は輸送業である」という人さえある．

　こんにちでは圧延以降の，常温，固体の製品（板やコイルなど）の輸送はほとんどがトレーラによる道路輸送であるが，高炉から出た1,400℃以上もある銑鉄（もちろん液体）をできるだけ温度を下げずに製鋼工場まで安全に輸送する溶銑輸送などは，道路では考えられず，鉄道の独壇場である．

鉄道の現場を訪ねる　福山製鉄所

福山の構内鉄道の特徴

　今回（2007（平成19）年4月，9月）訪問した福山製鉄所については7章の「鉄道レールの製造現場」で説明したのでここでは繰り返さないが，かつての日本鋼管㈱福山製鉄所であり，現在の正式名称は「JFEスチール㈱西日本製鉄所（福山地区）」という．旧川崎製鉄水島製鉄所は同じJFEスチールの「西日本製鉄所（倉敷地区）」である．しかし構内鉄道に関する限り福山と水島は別個の存在であるし，特徴も異なるので，本稿では便宜上「福山製鉄所」の名称を用いることをお許し願いたい．

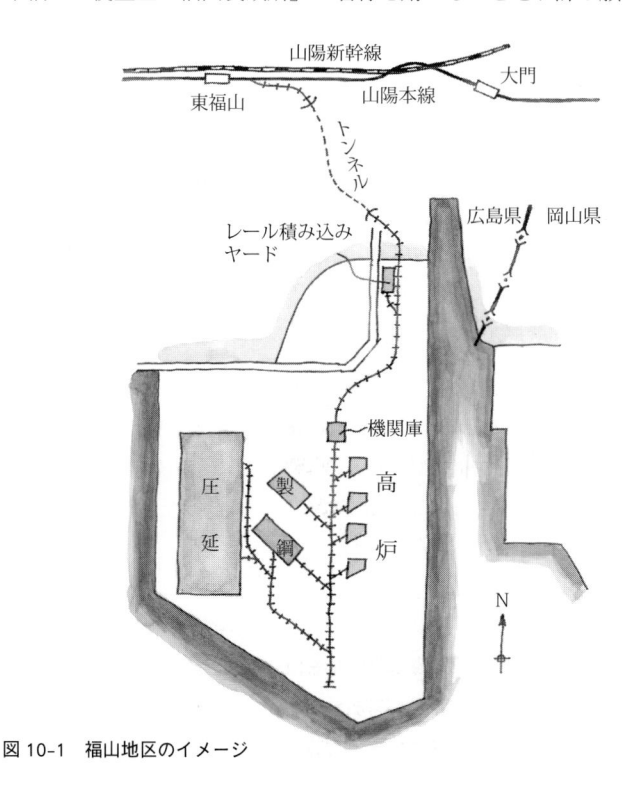

図 10-1　福山地区のイメージ

福山製鉄所の敷地（工場用地）は1,420万 m^{2}で，台形の敷地に東側から西に向けて原料，製銑，製鋼，圧延と流れるレイアウトである．
　この製鉄所の鉄道には，他の製鉄所，例えばお隣の旧水島製鉄所と比べても，明らかな特徴がある．
　1）構内部分に国際標準ゲージ（1,435 mm）を採用している
　2）溶銑輸送に「なべ」を使用している
　3）中央指令室で運行を集中管理している
　わが国で鉄道による貨物輸送が衰退する以前，少なくとも昭和50年代までは，製鉄所からも製品の何割かが貨車によって出荷され，原料のひとつである石灰石も貨車でやってきた．したがってどこの製鉄所でも最寄りの国鉄駅や臨海鉄道とレールがつながっており，鉄道輸送を一元管理しようと思えば，構内部分についても当時の国鉄と同じ1,067 mm軌間を採用するのが当然のことであった．しかし溶銑輸送は高炉地区と製鋼地区との間だけであり，高炉地区から直接製鉄所の外へ出て行く貨物はない．出荷される貨物は圧延工場か製品倉庫が出発点である．そこで福山では両者を分離して，国鉄線と連絡する専用線は国鉄と同じゲージとし，構内部分については安全度が高くかつ重量設計の容易な標準軌を採用したものと思われる．なお筆者の知る限りでは，同様に構内線に標準軌を採用している例として新日本製鐵の堺，君津両製鉄所がある．
　溶銑輸送の方式には，溶銑なべ車とトピードカーとがある．前者は文字どおり溶銑なべを多軸台車に載せたもので，なべの最大容量は200トン程度である．一方のトピードカーは，元来，高炉から出た溶銑を転炉のタイミングに合わせるために一時蓄え，かつ成分の均質化を図る目的で製鋼地区に設けられていた「混銑炉」をそのまま貨車に載せたようなもので，なべよりも大容量で，開口が小さいので温度低下も少ない．最大容量は600トン程度である．今日ではトピードカーを採用する製鉄所が多い中で，ここ福山ではなべ輸送を行っている．それなりの利点があるのであろう．
　中央指令室については追って説明する．

路線の概要

　製鉄所の中央北寄りにある機関庫を境にして，製鉄所から山陽本線東福山駅までの 1,067 mm 軌間線（以下「専用鉄道線」という）と，構内のみの 1,435 mm 軌間線（同じく「構内鉄道線」という）との 2 系列の鉄道で構成される．運営・管理に当たるのは 2007（平成 19）年 4 月に新発足した「JFE ウエストテクノロジー株式会社」である．この会社は輸送専業ではなく，製鉄所内のさまざまな業務も行っており，鉄道はこの会社の「鉄道鋼片部鉄道室」が担当している．同じ部でも鋼片室の方は連鋳スラブの検査と手入れが業務で，鉄道とは直接の関係はない．

　なお，過去には福山臨海鉄道㈱，㈱アルテス，㈱福山スチールテクノロジーなど，社名，業務内容ともに異なる各社がこの鉄道を担当してきた．

専用鉄道線

　専用鉄道線は，国土交通省が管轄する鉄道事業法第 2 条第 6 項による鉄道で，山陽本線東福山駅から製鉄所構内の機関庫まで，国土交通省監修の『鉄道要覧』によれば粁程は 6.2 km，1965（昭和 40）年 4 月 20 日免許，1966（昭和 41）年 6 月 14 日運輸開始，1978（昭和 53）年 6 月 1 日 1.9 km 休止とあるから，現在は差し引き 4.3 km であろう．当日のお話でも東福山を出た専用鉄道起点から操車場の信号所までが 3.6 km，ここからさらに製鉄所内の機関庫まで線路が延びているので，大体計算が合う．なお線路の総延長は 10 km とのこと．JR 東福山駅は現在は旅客列車も停車するが，そもそもはこの製鉄所の建設に先立って 1963（昭和 38）年に開設された貨物駅であった．

　東福山駅の貨物ヤードから 1 本の線路が山陽本線に平行して東に伸び，やがて南へカーブすると陸橋で国道 2 号線を越え，小高い山をトンネルでくぐり，住宅街の裏手に出る．短い陸橋で大門駅から来るバス道路を越えるとすぐに製鉄所の北端部分に入る．入った所が福山で製造されるレールの積み込み場で，その先に操車場がある．操車場には東福山に向かって出発信号機も見える．操車場は 5 線，レールの積み込み場は 3 線で，うち 2 線がクレーン下にある．JR 西日本向け専用なので 50 m

レールが主体であり，巻き上げ機を2基有する天井形クレーンで50mレールを一気に吊り上げることができる．

現在列車が走るのは週に1，2便のレールの出荷時とその戻りの空車だけで，3両ある45トン機関車のうちの1両が交代でこれに当たり，操車場の一隅に待機している．残り2両は予備機と整備で，十分に余裕がある．貨車はすべてJRのレール輸送専用チキ（p.165参照）で，3～4両で50mレールに対応できる．

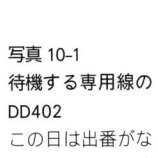

写真10-1
待機する専用線のDD402
この日は出番がないのか，レール積み込み場の片隅でひっそりしていた．

写真10-2
レール積み込み場全景
左の建屋は検査場，前方が積み込み場，右手が操車場．

構内鉄道線

　こちらは国土交通省の関知しない，いわば製鉄所の設備の一部で，総延長約 40 km という 1,435 mm 軌間の線路網である．線路は機関庫から南へ伸びる幹線から各工場に枝分かれしており，高炉，溶銑予備処理工場などを受け持つ東地区溶銑輸送と，製鋼工場から圧延工場への西地区半製品輸送とに大別される．

　機関車は自重 55 トンクラスが 19 両，40 トンが 9 両，計 28 両である．運転台はあるが，通常はデッキ，あるいは貨車側からのリモコン，あるいは無人運転である．

　貨車にも片側運転台というべきか，一方の端部にリモコン操縦機を持った運転者が乗り込む場所が設けられている．安全に乗務するための囲いで，特に機器が備えられているわけではない．走行中に転轍器を操作することもあるため，車端の中央ではなく片側に寄っている．配線上車両が逆転することはないので，この運転台も，また線路脇の転轍器レバーなども，一定の側（南北の線路であれば東側）に揃えて設けられている．なお，連結器の操作は手動である．

写真 10-3　待機する溶銑なべ車と機関車
今溶銑を受けているなべが満杯になるまで，次のなべ車は待機している．機関車は 55 トンの DL 113．

溶銑なべ車は8軸（4軸×2）ボギーで，なべには最大220トンの溶銑が入るという．なべを含む車両の自重を100トンとしても，満載で最大320トンとなり，これを8軸で割ると軸重は40トンとなる．一般の鉄道ではJRの幹線でも許容最大軸重が20トンに満たないことを考えると，製鉄所の構内輸送がいかに高規格であるかがわかる．もっとも，埋め立てによる臨海製鉄所では勾配はほとんどないし，速度もきわめて低い．曲線は最小半径90mが存在する．

　なべは台車のスタンドで安定して支持されているが固定されているわけではなく，クレーンでなべだけを吊り上げることができる．

写真 10-4
空なべ車の到着
空なべ車が2両，機関車に押されて高炉下へ向かっている．

写真 10-5
リモコン運転台
運転者がなべ車前方の運転台に乗り込み，ここから後方の機関車を運転する．

仮に移動中の溶銑なべ車が脱線などで立ち往生し，200トンもの溶銑がなべの中で固まってしまったら一大事である．また，ありえないことではあるが，溶銑なべ車が脱線，転覆して溶銑が周囲にこぼれたら大惨事となる．筆者の試算では，通勤形電車の例で，1,067 mm 軌間では17度傾くと車両は転倒するが，1,435 mm 軌間だったら24度まで倒れない（拙著『鉄のほそ道』）．標準軌間の採用が溶銑輸送の安全性を大きく向上させていることは疑いない．

　一方の半製品輸送であるが，半製品とはここでは連鋳（連続鋳造）工場で製造されるスラブ，ブルームなどの板状，あるいは棒状の鋼片である．一応内部まで凝固しているがまだ赤熱状態であり，これをできるだけ温度低下させずに次工程である圧延工場に搬入する必要がある．圧延工場では熱間圧延の前工程として再加熱を行なうが，高熱状態で炉に装入すれば（ホットチャージという）それだけ省エネとなるからだ．このように溶銑でも鋼片でも，材料の持つ熱エネルギーをできるだけ保持したまま次工程に送り込むことが肝要であり，関連する工場が「スープのさめない距離」に配置されていることが一貫製鉄所の利点のひとつなのである．

　そしてこのような中間製品の移動がつつがなく行われていることが各工場，ひいては製鉄所全体のよって立つ大前提なのだから，鉄道部門の使命は重く，しかも順調に運行して当たり前の世界であり，車両や線路の保守などに日夜，細心の注意と地道な努力が払われているのは，いうまでもない．

　構内鉄道線には専用鉄道線のような色灯式の信号機はないが，線路脇に灯列式の低いものがある．このほかに分岐器の開通方向を示す表示灯がある．分岐器は中央指令室，無線によるリモコン，列車から手を伸ばしてのレバー操作，いずれも可能である．構内には約250基の信号機と，210基の分岐器がある．

　線路は，レールは一部に50キロが残っているが60キロ化を推進中である．まくらぎは，木まくらぎが大部分で一部にPCが使われている．

写真 10-6　進路指示器
前方の進路を示している．

写真 10-7　灯列式信号機
軌道回路を使用している．複線のような幹線部分でも両方向に通行が可能である．

機 関 庫

　機関庫は製鉄所全体から見ると中央の北寄りに位置している．前記したように北側からはここまで 1,067 mm 軌間線が延びており，南側の 1,435 mm 軌間線はここから始まる．機関庫内では両方のレールが並んでいるが，いわゆる 3 線軌道などは設けられていない．

　機関庫の設備として，特にご紹介するような変わったものはない．

写真 10-8
機関庫前の DD401
予備機はここに控えていた．東福山駅からの 1,067 mm 軌間はこの先でおしまいだ．

写真 10-9
機関庫の内部
ピットの床にはスライド式の蓋がしてある．

機関車

　31両が現有勢力である．製鉄所の操業開始に伴い，専用鉄道線2両，構内鉄道線6両でスタートし，1975（昭和50）年まで増備が続けられた．すべて軸配置 B-B の平凡な産業用ディーゼル機関車である．専用線は45トン，構内線は40トンと55トンの2種類がある．40トンは主として鋼片輸送，55トンは溶銑輸送というのが実態のようであるが，明確な区別はしていないという．

　その後しばらく変化がなく，2001（平成13）年，久々に1両が発注された．特に深い理由はないようだが，結果として入線したのは東芝製の電気式ディーゼル機関車で，まさに異色の存在である．自重60トンだが，55トンと同じに扱い，共通運用している．

　下記の形式，番号はJFEウエストテクノロジーの資料をそのまま使用したが，現車のプレートには，専用鉄道線では「DD401」のように，また構内線では「DL-10」，「DL-110」のように標記されている．

[専用線（1,067mm 軌間用）]

　1）45トン液体式ディーゼル機関車（新潟鉄工所製）　3両

　運転台がやや一方に寄ったセミセンターキャブ形．形式図では同じ新潟鉄工所製の八戸臨海鉄道のDD451と瓜二つである．機関も同じ新潟製のDMF31S（定格500PS）×1．最大引張力11,250kg，最高時速35.8kmで，構内線よりやや高速である．

[構内線（1,435mm 軌間用）]

　2）40トン液体式ディーゼル機関車（三菱重工業製）　9両

　DD13に似たセンターキャブ形の平凡な機関車である．機関は新潟鉄工所製DMF13S（230PS）×2．最大引張力10,000kg，最高時速30.0km．

　3）55トン液体式ディーゼル機関車（三菱重工業製）　18両

　機関が1基のため，キャブがやや片側に寄っている．機関は新潟鉄工所製DMF315B（500PS）×1．最大引張力13,750kg，最高時速20～25.5km．このうちの2両は第5連鋳工場の専用区間で無人運転を行っているが，機関車自体に特に変わりはない．

　4）60トン電気式ディーゼル機関車（東芝製）　1両

わが国では国鉄に DD50, DF50 などがあり，現在の JR 貨物にも DF200 があるなど，電気式ディーゼル機関車は必ずしも希有な存在ではないが，JR 以外となると非常に珍しく，北海道の太平洋石炭販売輸送㈱が保有する DE601 が唯一の存在とされていた（『鉄道ピクトリアル』第 621 号，1996 年 5 月）．これは 1970（昭和 45）年の日本車両製で，GE との技術提携による輸出用見本機といわれる．

　しかるに今回，少なくともここにもう 1 両の電気式ディーゼル機関車が発見されたわけである．写真でご覧のように外観も全く特異で，キャブらしいものはなく，運転は両端のデッキのみで行うという，構内運転専用の設計である．機関はキャタピラー製，三相交流発電機は 400 kVA でインバータ制御，最大引張力 17,000 kg，最高時速 30 km である．

　前記したように他の 55 トン液体式と共通運用しているが，使い勝手がかなり異なるので運転は特定の指名者に限定しているという．

写真 10-10　電気式の DL-121
第 5 溶鉱炉前で単機待機中．運転席は前後とも向う側（右側）なので，こちら側は全部ふさがったような特異な外観である．

中央指令室

　製鋼工場の一画に，構内鉄道の指令室がある．広い室内は東地区と西地区とにパネルが分かれているが，それぞれ1, 2名がモニタを眺めながら黙々とコンピュータを操作している．音声による指示も行っているが，騒々しさはない．

　指令室はどこの鉄道にもあり，ここも見た目にはそれらに似ているが，実はここの指令室は一般のものと役割が大きく違う．通常の鉄道にはダイヤがあり，列車はそれにしたがって運行されている．そして何か事故等でダイヤが乱れたときにこれをさばくのが指令室だ．ところがこの製鉄所の構内鉄道にはダイヤはない．高炉の出銑や転炉の出鋼は，それぞれの設備の操業の都合であり，タイミングよく空のなべ車を待機させ，また受け入れた溶銑，溶鋼は一刻も早く次の工程に送り込む．これらのタイミングを把握して関係する分岐器を切り換えて経路を作り，最寄りの機関車に指示を出す，いわば無線タクシーの指令所の機能をここが担当しているのである．冒頭に書いたように「製鉄業が運輸業である」とすれば，ここがまさに製鉄所の心臓部ということになる．運転者は指示されたルートで前進，停止を行うだけだ．

写真 10-11　運転指令室（西地区分）
前方の大きなパネルではなく，机上のモニタを見て指示を出している．

故障時に備えてパネルの「てこ」による手動操作も可能となっているが，平常は全く使用していない．コンピュータのみである．ときどき手動操作もやっておかないと忘れてしまう，と心配しているほどで，新人が入ってきたときにはパネル操作から教育するという．

福山製鉄所の見学

余計なお世話ではあるが，この文章を読まれて，自分も福山の製鉄所を一目みたい，と思われた方のために，その手だてをお教えしよう．

福山製鉄所，いやJFEスチール西日本製鉄所（福山地区）を見学するには，少なくとも2つの方法がある．

第1は，JFEホールディングス㈱の株主になることである．同社では年2回，株主見学会を開催している．申し込んでも抽選があり，倍率はかなり高いようだが，当たれば見学できる．

その第2は毎年5月に催される製鉄所フェスタである．福山市を挙げての行事，「バラ祭り」に先行して，5月の第2週末に開催され，各種のイベントに混じって工場見学会も行われる．

写真10-12　鋼片地区の40トン機DL-9
正面は防熱板で，その右の窓の部分が運転台である

鉄 と 鋼

　そもそも「鉄道」という言葉自体がそうなのだが，現代のレールは鉄ではなく鋼だから，実際は鉄の道ではなく，「鋼道」というのが正しい．多くの鉄道会社が，鉄道では「金を失う道」になってしまう，といって，わざわざ社名に「鐵」の字を使ってみたり，JR各社のように正式には「金偏に矢」だ，などと詭弁を弄する必要はなかったのである．

　どなたもご存じだとは思うが，「鋼（はがね）」は鉄と炭素の合金で，厳密には鉄と区別すべきものである．もっとも高炉で生産された銑鉄（これは「鉄」だ）が取引される場合があるので，「製鉄会社」というのはあながち間違いではない．団体名では「鉄鋼協会」，「鉄鋼連盟」などがあり，「鉄と鋼」，iron and steel, Stahl und Eisen などというのが正確な言い方といえるだろう．

　しかしわれわれの日常生活では，例えば「鉄筋」，「鉄骨」，「鉄板」など，実際には鋼であっても鉄と呼ぶことがごく一般的だ．日本鋼管という会社があったためか，鋼管よりも鋼管がよく使われるのはむしろ珍しい例のようだ．しかしこれだって，昔は「鉄管ビール」（水道水のこと）などという言葉があった位だし，本書で転轍器の項に登場する「鋼管」も，鉄道現場では「鉄管」と呼ばれていたらしいふしが窺われる．

11章　続・製鉄所の鉄道

80トンディーゼル機関車
停車中の5号機．JFEスチール東日本製鉄所，京浜地区（扇島）で．

ゲージのいろいろ

　わが国の新幹線が 1,435 mm という国際標準ゲージを採用していることはどなたもご存じだろう．それまでの国鉄在来線が 1,067 mm ゲージで，これは国際的には狭軌なのだが，わが国ではこれを標準軌と考える人もいて，新幹線が建設されるとき「夢の広軌新幹線」などといわれたこともある．

　しかしヨーロッパ各国をはじめ，北米大陸，中国など，国際的に主立った鉄道が採用しているのが 1,435 mm ゲージであり，一般的にはこれよりせまいものを狭軌，広いものを広軌と呼ぶ．

　ヨーロッパ各国が標準軌に統一されている理由のひとつは国際的に列車が行き来するためであるが，ヨーロッパの端の方，南のスペイン，ポルトガルと北のロシアでは，逆にヨーロッパ各国の鉄道と直通できないように，異なったゲージが採用された．スペインのゲージは 1,668 mm，ロシアは 1,524 mm である．いずれも主に軍事的な理由からだったのだが，21 世紀のこんにち，もはやそのような必然性はなく，むしろ直通運転の大きな障害となっていて，スペインではゲージ変換のできる TALGO（タルゴ）車を開発してフランスと直通しているし，ロシアでは国境駅における台車交換という手間をかけてこの問題に対処している．

　一方，ヨーロッパとは遠く離れて，1,676 mm というさらに広いゲージを採用しているのがインド，パキスタン，バングラデシュ，スリランカの 4 国である．

　1,676 mm はインチ寸法でいえば 5 フィート 6 インチ（1 フートは 12 インチなので，5 フィート半）で，わが国では黒部峡谷鉄道などが採用するいわゆる軽便鉄道ゲージの 762 mm（2 フィート半）や，国鉄在来線の 3 フィート半（1,067 mm），京王電鉄や都電などの路面電車に見られる 4 フィート半（1,372 mm）ゲージの系列の寸法といえる．インドにおける採用のいきさつは調べていないが，おそらく当時の宗主国イギリスが，広い国土にふさわしく，また他の地域と統一する必要もなかったのでこのような広いゲージに決めたのであろう．なお，南米のチリ，アルゼンチンにも 1,676 mm ゲージがあるが，これは建設期にインド向けの資材が流用されたからだという．

筆者はインド方面にも南米にも行ったことがないので，こんなに広いゲージの鉄道は見たこともなかった，といいたいところだが，実はアメリカ，サンフランシスコの新しい高速鉄道，BART（Bay Area Rapid Transit）がこのゲージを採用しており，初めてアメリカを訪問した1973（昭和48）年に乗車していたのである．BARTは海峡部分はトンネルだが，海沿いを走るので，横風対策としてこの広いゲージを採用したといわれている．車体も幅が広いので，屋根が低く見える．走行ぶりは，高速で快適であったという以外，あまり記憶にない．

写真 11-1　1,676 mm ゲージの高速鉄道，BART
1973年4月，サンフランシスコ近郊オークランドで．

鉄道の現場を訪ねる

京浜製鉄所

扇島地区

わが国にもあった超広軌鉄道

　1,435 mm 以上の広軌鉄道など，わが国には無縁の存在かと思っていたところ，思いもかけない首都圏の一画に，全長 11 km にも及ぶ 1,676 mm の鉄道路線が存在していた．その場所は，JFE スチール株式会社東日本製鉄所・京浜地区，以前の名称でいえば日本鋼管㈱京浜製鉄所の扇島地区である．

　日本鋼管㈱は 1897 年の官営八幡製鉄所に続く民間の製鉄会社として 1912（明治 45）年に設立され，当初は鋼管製造を目的としたためこのような社名とした．今でいう川崎市の渡田地区が同社発祥の地である．以後周辺の埋め立て地区に一貫製鉄所の諸事業を展開して，首都圏に立地することからわが国の工業の発展に重要な役目を果たしてきた．1968（昭和 43）年に川崎・鶴見・水江の 3 地区を統合して新たに「京浜製鉄所」としたが，現代の眼で見るとその歴史とはうらはらに，小型の旧式の設備が増設に次ぐ増設の形で所狭しと立ち並び，1965（昭和 40）年に新発足した同じ会社の福山製鉄所と比較しても旧態依然ぶりは歴然としていた．

　このため，京浜製鉄所の沖合に人工島を造成してここを中心に新たな銑鋼一貫製鉄所をレイアウトし直すという「扇島プロジェクト」を決断し，1974（昭和 49）年 6 月の海底トンネル貫通を手始めに埋め立て工事を進め，この新しい扇島地区に大型高炉 2 基，転炉，熱延，厚板各工場を合理的なレイアウトで配置し，既存地区には冷延，表面処理鋼板，鋼管などの熱損失の少ない品種を集約するということで京浜製鉄所は大変身を遂げたのである．扇島第 1 高炉の火入れは 1976（昭和 51）年 11 月であった．

　ちなみに京浜運河をはさんで扇島の陸側には JR 鶴見線の終点，扇町駅がある．この駅名は，鶴見線の前身である鶴見臨港鉄道の筆頭株主であった浅野総一郎家の家紋に由来するという．そうであれば，扇町の沖

合にできた扇島の名も，この扇町に因むのであろう．

　扇島は，既存の京浜地区とは水路で隔てられた沖合の離れ島で，本来の海岸線に平行に川崎側から鶴見方向へ伸びる長方形をしており，面積は 550 万 m^2 である．島のほぼ中央に川崎市（川崎区）と横浜市（鶴見区）との境界線が横断しており，またこの境界線と直交して製鉄所の真上を首都高速湾岸線が走り（もちろん，出入り口はない），通行する車から 2 本の高炉をはじめとする製鉄設備を見下ろすことができる．

　首都圏の玄関口という立地もあって，この製鉄所では以前から環境問題には真剣に取り組んでいるといわれているが，現在，高炉に代わる新型のシャフト炉を建設中である．このシャフト炉は，鉄スクラップを原料とし，焼結鉱やコークスを使用せず，炭酸ガスの排出量は高炉に比較して 1/2 という地球環境にやさしい炉であるが，当面年間の処理能力は 50 万トンというから，残念ながら 1 基日産 1 万トン以上である高炉に肩を並べる存在にまではなりそうもない．

　さて，実際にその扇島に足を踏み入れようとすれば，水江地区の北寄りにある京浜製鉄所の「扇島正門」を入り，約 1.8 km の海底トンネル，さらに扇島大橋を通ってやっと到達する別世界である．この新しい扇島地区で，本題の構内鉄道はどのように計画されたのであろうか．

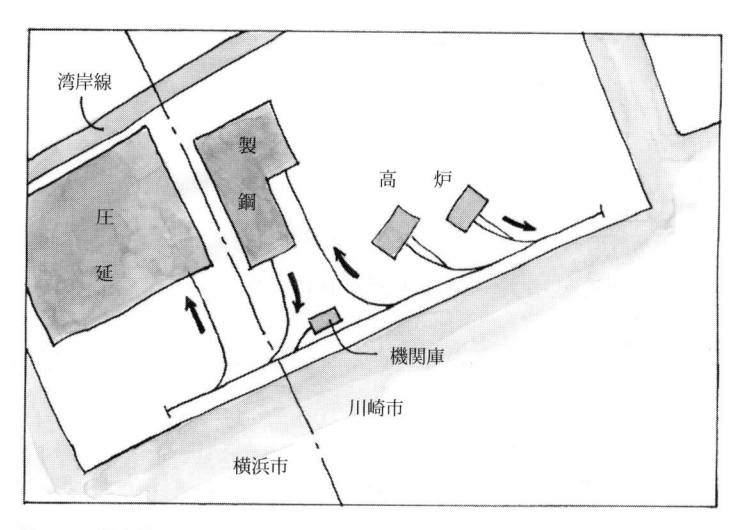

図 11-1　扇島地区のイメージ
矢印は半製品の流れ．（インターネットの地図等から筆者作成）

前章「福山製鉄所」でも説明したが，この時期には，原料の搬入，製品の出荷という面での製鉄所における鉄道の使命は終わっていたから，この新しい製鉄所では鉄道の役割を高炉と転炉の間の溶銑輸送と，連鋳工場から圧延工場への鋼片輸送に限定し，既存の鉄道網との連絡は一切考慮していない．JR鶴見線も神奈川臨海鉄道も京浜運河を越えていないので，扇島地区の鉄道は全くの孤立路線である．

　そこで1,676 mmという思い切った広軌が採用できたのであろう．扇島地区の埋め立てには，軟弱な海底シルト層を破壊せずに埋め立てるのを特徴とした「サンドマット工法」が採用され，日本土木学会技術賞を受賞しているが，それだけに重量輸送には安定性への配慮が必要と考えられ，インド向け輸出車両等の必要性からわが国の車両会社で製造可能な最大限といえる1,676 mm軌間が選ばれたのではないかと推察する．

溶銑輸送と鋼片輸送

　扇島の鉄道線路は，埋め立て地先端の岸壁に沿って直線が伸び，これを仮に本線と呼ぶことにすると，その両端から内側へ向けて各工場への線路が枝分かれする構成である．

写真 11-2　岸壁に沿って伸びる「本線」
右手のコンクリートの防潮壁と照明柱の並ぶ部分が岸壁である．

川崎寄りの端部から見ると手前から第2高炉，第1高炉，製鋼工場への3群の線路が右方向に分かれていてこれが溶銑輸送のルートであり，反対側の鶴見寄りの端部から見ると，それぞれ左方向に分かれている線路群の手前が圧延工場行き，奥が製鋼工場行きで，こちらが鋼片輸送のルートである．両者の中間の位置に機関庫がある．つまり，2つの輸送ルートは両者は本線でつながってはいるが，機関庫を境に，溶銑輸送と鋼片輸送は事実上分離されている．そしていずれの場合も，工場へ入ってゆくときは機関車が最後部になった推進運転，工場を出るときは機関車が先頭になった牽引運転である．

なお，この製鉄所の鉄道の運行，保守は鋼鈴機工㈱が担当している．

扇島の機関車

ここに働いている機関車は8両で，すべてほぼ同時期に入場した同一形式である．この機関車は，有名な"JANE"の鉄道年鑑（Jane's World Railways, 1979-80）の三菱重工業のページに図面入りで紹介されている．以下の仕様は，同書からの翻訳である．

日本鋼管㈱向け 80トン液体式ディーゼル機関車（1978年製）
　両端に簡易運転台を備える無線操縦式機関車である．
軌間　1,676mm，運転整備重量　80t，軸配置　B-B，軸重　20t，車体長　13,300mm，車体幅　3,000mm，車体高　3,800mm，ボギー中心距離　7,500mm，固定軸距　2,200mm，車輪径　860mm，制御方式　DC24V電空および電気―液体制御，制動方式　直通および手動ブレーキ，連続運転速度　7－13km/h，最大牽引力　20,000kg，最大速度　14km/h.

　機関形式　振興[*1] DMF31S1，出力　600PS/1,500rpm.
　液体変速機　新潟[*1] CBSF138.
　駆動方式　カルダン軸歯車駆動．
　機関車は写真で見るとおり，さすがに超広軌だけあってどっしりと落ち着いている．三原の三菱重工業からどのようなルートで入場したか

＊1）Janeにはこう書いてあるが，メーカー名は恐らく逆と思われる．

はわからないが，車体幅の 3,000 mm はかろうじて JR 在来線の車両限界内であり，仮台車による鉄道輸送も可能ではあったと思われる．落成時の最大高さは無線アンテナ部分の 3,800 mm であるが屋根はこれよりずっと低く，図面上で推定すると 3,200 mm 程度であるから，JR の DD13 の 3,800 mm よりも低く，機関車の重心を極力低くしているのであろう．さきの車体幅と相まって，きわめて安定した印象が数字でも裏付けられている．現在の機関車は屋根上にホッパ様の冷却ファン保護カバーを乗せていて，この部分がアンテナよりも高くなっている．なお，牽引するなべ台車を見れば明らかなように，この鉄道の車両限界が低いわけではない．

なお，液体式ディーゼル機関車でカルダン方式というのは不可解だが，ここではユニバーサルシャフトをそう呼んでいるらしい．

この機関車は 9 両，ほぼ同時期に製造され，うち 1 両が 1990 年に休止となったので，現在は総勢 8 両で，その後の増備はない．6 号が欠番で，最終ナンバーは 9 である．銑鋼地区の溶銑輸送に 5 両が割り当てられており，鋼片輸送が 1 両，予備が 1 両，定期修繕が 1 両という内訳である．

番号は 1，8 などの数字のみで事足りるのであるが，DL-8001 というような立派なナンバープレートを着けている．80 トンディーゼル機関車の 1 号という意味であろう．

写真 11-3 超広軌の線路
60 キロレールに PC まくらぎ，締結装置は新幹線同等品である．

その他の車両

　溶銑輸送も鋼片輸送も，高熱のため機関車の次位に「控え車」を連結している．控え車は 4 軸の無蓋貨車に死重の鋼材を積んで機関車と同じ 80 トンにしてある．機関車とナンバーが揃っているところを見ると，永久連結のコンビを組んでいるようだ．

　溶銑なべ台車は 6 台車 12 軸のボギー車である．なべには最大 250 トンの溶銑が入り，自重を加えると合計 520 トンになるというから，1 軸当たり，つまり軸重は 43.3 トンになる．連結器はやや大型の自動密着連結器であるが，牽引される貨車も直通ブレーキを備えているので，連結器の下部に空気管用の連結器がある．なお，連結器高さは，一般の鉄道では 880 mm が普通であるが，この鉄道では 1,100 mm である．

　なお現在の高炉は日産 11,500 トン，1 回の出銑が 1,000 トンというから，毎回なべ台車 4 両が動員されることになる．

写真 11-4　高炉前で待機する 5 号機
後方に溶銑なべ台車が見える．

11章 続・製鉄所の鉄道

226

写真 11-5
停車中の 9 号機
軸重が大きくとれるので 80 トンでも 4 軸で済んでいる.

写真 11-6
大型の密着自動連結器と空気管用連結器
連結器の解放はてこによる手動操作である.

写真 11-7
輸送中の溶銑なべ
機関車 (80 トン), 控え車 (80 トン), なべ台車 (520 トン) という, 短いながらも重量編成である.

写真 11-8
機関車側から見た溶銑なべ台車
控え車は鋼材を積んで機関車と同じ80トンにしてある.

写真 11-9
第2高炉前に待機する2編成の溶銑なべ列車
なべが満杯になるとすぐに次のなべに切り換えられるので,常時2編成が必要である.

写真 11-10
溶銑を受け入れ中の溶銑なべ台車
機関車は離れて待機している.

軌道と運転

　岸壁沿いの「本線」は全長 1.8 km ほどにすぎないが，線路の総延長は約 11 km という．レールは 60 キロ，大部分が PC まくらぎである．広軌だけあって，まくらぎも長さが 3.4 m ある．まくらぎの製造年はほとんどが「78」となっており，建設当初からのものであることがわかる．見たところ勾配はまったくないが，曲線は当然存在し，最小半径は 120 m だという．しかし曲線部分の線路を見ても，カント（曲線通過に対応して外側レールを若干高くすること）がほとんど認められない．通過する列車がたかだか時速 8 km 程度なので，カントもごくわずか（8 mm 程度）で，おまけにゲージが広いので見た目には分からないのである．

　銑鋼地区と圧延地区とでは運転方式が異なる．銑鋼地区では高炉の操業に直結するリアルタイムの運行が要求されるから，運転はすべて指令室からの指示による．転轍器，すなわちポイントの切り換えは指令室からの遠隔操作で，これに従って信号も変わり，指示が出される．

　なべ台車が溶銑を受けている間，機関車と控え車はなべ台車を切り離してやや離れた位置に待機し，受け入れが終わると再び接近して連結する．この間の連結機の切り離し操作は運転員が機関車から降りて行い，連結操作は自動連結器だから自動で行う．前記したように空気管の接続，切り離しも連結機による自動である．

　一方，圧延地区の鋼片輸送では，進路の切り替えは運転員自身が行う．分岐器の前面（これから分岐する側）線路脇にはレバー操作の転轍スイッチと信号機があり，予定の方向に開通していない場合には機関車を降りてレバー操作を行う．一方，分岐器の後面（これから合流する側）にはレールに踏み子（トレッドル）が設けてあり，先頭車（この場合は機関車）の車輪がこれを踏むと，かりに分岐が反対側に開通していても切り換えてくれる．もちろん走っていく側に開通していればそのままである．このようにして列車優先で進路が切り替わる．圧延地区には通常 1 列車しかいないので，衝突の恐れはないわけだ．

写真 11-11　溶銑輸送を管理する指令室
列車の運転，ポイントの切り替えはすべてここの指示によっている．

写真 11-12　線路脇の信号機
溶銑列車の運転はこの信号機に従う．

11章　続・製鉄所の鉄道

写真 11-13
圧延地区の信号機
手前はポイントの転換スイッチ，先方に見えるのは分岐器の開通方向を示す信号機.

写真 11-14
レールに設けられた踏み子
列車がこれを踏むとその方向にポイントが転換する.

写真 11-15
機関車専用の給油所
左手画面外に地上タンクがある．この場所にはピットも設けられている.

機 関 庫

　製鉄所は24時間連続で稼働しているから，この鉄道には一般の鉄道のような，深夜車両が滞泊する車両基地は存在しない．ここで筆者が機関庫と呼ぶのは車両の保全基地のことである．

　その機関庫に案内していただくと，中では3号機関車となべ台車が1両，オーバーホールの真っ最中であった．機関庫の外に取り外した輪軸が置いてあったが，歯車がないから，機関車の動輪ではない．車輪径は普通の860mmであるのに，車軸は通常の倍はあろうかと思われる太さで，何と240mmだという．これは1,676mmのゲージと，43トンの軸重が然らしめる寸法なのであろう．

写真11-16
機関庫で定期整備中の3号機
機関などの主立った機器は取り外されている．

写真11-17
取り外された輪軸
ちょうど12軸あるのを見ると，なべ台車用らしい．軸の太さに注目．

付　　記

　今回の取材のきっかけとなったのは，前記したジェーンの年鑑であった．洋書専門店から発売当時に購入して以来20数年，ページをめくったことは数知れないが，「世界の車両製造業者」の中の三菱重工業の項に紹介されている一見平凡なディーゼル機関車がこのような特筆すべき存在であることに全く気づかなかった．福山製鉄所訪問の後にこの本を何気なく開いて見ると，日本鋼管㈱向けと書かれた機関車は福山で見たものとは違っており，しかも図面の軌間の数字が1676と読めるではないか．日本鋼管㈱の残りの製鉄所といえば扇島しかない．びっくりして取材をお願いしたような次第であった．

　今回，この製鉄所の扇島以外の既存地区は全く訪問しなかったが，すでにかつての線路は撤去されて，ほとんど残っていないとのことである．

　なお，この製鉄所の見学の機会については，前章の福山と同様と考えていただけばよい．

おわりに

　海外で鉄道に乗ると，車両には独特のお国柄が感じられる場合が多いが，走っている線路となると，これはどの国もほとんど同じ構造である．アウシュヴィッツの全景を写した写真で，まっすぐ構内へ伸びる1本の線路が，いくら見てもわが国で見慣れた線路と全く同じものであることに衝撃を受けた覚えもある．

　それはともかくとして，鉄道趣味という点では鉄道線路は車両に対して地味な存在で，実用一点張りの筈なのだが，何と限りない魅力を秘めていることだろう．本書ではいささか重箱の隅をつつきすぎたきらいもあるが，可能な部分については好奇心の赴くままに深入りして見た．

　ところで，今回，用語についてはいささか意を用いたつもりである．用語といっても，この分野には法律用語，技術用語，現場用語という3種類の言葉があり，それぞれに微妙な違いがある．例えば筆者は「当用（常用）漢字にないから」という理由でひらがなにする（「危ぐ」，「安ど」など）のを好まないので，これまで「枕木」という言葉を使用してきたが，今回はJISに従い，「まくらぎ」とした．「まくら木」という書き方もあるのだが，「鉄まくらぎ」，「PCまくらぎ」という場合に「木」が何となく目障りだったからである．その他，我慢できる限りはJISの用語を用いた．なお，法律用語については，時にそれが如何に常識とかけ離れているかを面白くまとめた『鉄道用語の不思議』（梅原 淳，朝日新書）が最近出たので，一読をおすすめする．

　なお，取材にご協力頂いた別記の取材先各位をはじめ，写真や資料，有益なアドバイスなどを頂いた飯島正資，岩沙克次，長船友則，久保　敏，坂田一之，戸田信次，梨森武志，西野保行，山田俊明ほかの皆様，そして㈱電気車研究会，㈱アグネ技術センターの各位に厚く御礼申し上げる．

　　　2008年4月　　　習志野原の一隅にて

　　　　　　　　　　　　　　　　　　　　　　　　石本　祐吉

参考文献

- 沼田政矩，八十島義之助，松本嘉司『大学課程 鉄道工学』オーム社，1977年．
- 運輸省鉄道局監修『注解鉄道六法（平成8年版）』第一法規，1996年．
- 国土交通省鉄道局監修：『注解鉄道六法（平成15年版）』第一法規，2003年．
- 日本規格協会編『JISハンドブック 鉄道』日本規格協会，2002年．
- 西野保行『鉄道線路のはなし（交通ブックス103）』成山堂書店，1994年．
- 吉武 勇，明本昭義『運転保安設備の解説（6版）』日本鉄道図書，1984年．
- （財）日本鉄鋼協会編『鉄鋼便覧 2（第3版）』丸善，1979年．
- 石本祐吉『増補版 鉄のほそ道』アグネ技術センター，1998年．
- 「鉄道ピクトリアル」，電気車研究会，各号．
  その他，土木用語事典，鉄道用語事典．取材先各社カタログ，ホームページ，関係特許公報，テレビ番組など．

取 材 協 力 （掲載順）

新潟トランシス㈱　新潟事業所　　　（新潟県北蒲原郡聖籠町東港）
㈱峰製作所　　　　　　　　　　　（東京都千代田区内神田）
名古屋市交通局　藤ヶ丘工場　　　　（愛知県名古屋市名東区朝日が丘）
興和コンクリート㈱　静岡工場　　　（静岡県周智郡森町睦美）
JFEスチール㈱　西日本製鉄所（福山地区）（広島県福山市鋼管町）
大和軌道製造㈱　本社工場　　　　　（兵庫県姫路市大津区吉美）
日本貨物鉄道㈱　塩浜駅　　　　　　（三重県四日市市御薗町）
JFEスチール㈱　東日本製鉄所（京浜地区）（神奈川県川崎市川崎区扇島）

索　引（事項）

〔あ行〕

孔型（→カリバ）
E 型舗装軌道················18, 36
異形 PC 鋼················145
犬釘················8
入換標識················74, 191
INFUNDO（→樹脂固定軌道）
打子式（ATS）················136
埋め込み栓················11, 30, 145
エスケープクランク················116
S レール················171

〔か行〕

回路制御器···········99, 112, 126, 130, 132
下級線················34
カリバ················155
簡易分岐器················92
カント················68, 70, 96
ガントレット（gantlet）················90
緩和曲線················68
機関庫················211, 231
軌間線欠線部················68, 76, 82, 86
帰電流················56, 66
軌道（INFUNDO）················21
――（3 線）················口絵 3, 32
――（スラブ）················6
――（直結）················6
軌道回路················56
軌道構造（線路の構造）················4, 18
木まくらぎ···········口絵 4, 口絵 5, 38
機回り線················104, 107, 198
現場扱い················110, 112, 191
鋼管················114, 120, 216
合成まくらぎ················38
国際標準ゲージ················204, 218

〔さ行〕

鎖錠装置（鎖錠機構）·······99, 108, 112, 122, 129, 130, 132

3 線軌道················口絵 3, 32
三枝分岐器················92
直埋めまくらぎ················7, 18
樹脂固定軌道················21, 23
省力化軌道················18
指令室················214, 228
シングルスリップ················76
信号扱所········118, 188, 189, 192, 194
信号機················210, 229
　　出発················99, 191, 192
　　場内················58, 191, 192
　　灯列式················210
信号てこ················192
――リンク················114, 120
伸縮継ぎ目················32, 55, 80
スプリングポイント················104
スラック················30
スラッククエンチ（slack quench）···162, 176
スラブ軌道················6, 18
施工基面················2, 4
絶縁継ぎ目················43, 58
設定替え················54
双動装置················114, 122
――転換器················191

〔た行〕

第三軌条（→導電レール）
タイタンパ················1
タイプレート················10
ダイヤモンドクロッシング······口絵 7, 76, 82
脱線器················94
――分岐器················92
脱線防止レール················口絵 4
ダブルスリップ················口絵 7, 76, 80
単機················198
弾性形まくらぎ················35, 40
――締結装置················10, 40
弾性ポイント················84, 172
ターンテーブル················70, 108, 109

中継レール	50
直結軌道	6
継ぎ目板	48
継ぎ目落ち	44, 50
定位, 反位	74, 102, 192
締結装置	8, 151
────（弾性形）	10
────（パンドロール形）	12
TIG 溶接	176
ディーゼル機関車	212, 223
TC 型軌道	18
鉄道草	100
鉄まくらぎ	口絵 5, 49
テルミット溶接	60, 62
転換鎖錠器	129
転換装置	5 章
電子ビーム溶接	176
転てつ転換機	106
灯列式信号機（→信号機）	
導電レール	158, 166
土工	3
トラバーサ	70
鈍端ポイント	84, 86

〔な行〕

逃がし機構	101, 116
NEW クロッシング	174
ノーズ可動クロッシング	76, 78, 88
乗り越し形分岐器	94

〔は行〕

バックゲージ	178
バール	41, 48
反位（→定位）	
パンドロール形締結装置	12
ハンプ線	134

PS コンクリート	26
PC まくらぎ	2 章, 6 章, 224
ファスナ（→締結装置）	
プレキャスト（Pre-Cast）	27
プレテンション	29, 145
噴泥現象	18
平面交差	口絵 6, 78, 80
ポストテンション	29, 148
保線作業	14, 16
ホットチャージ	159, 209

〔ま行〕

マルタイ（マルチプルタイタンパ）	14, 15, 17
マンガンクロッシング	73, 174
溝付きレール	20, 158, 167
無絶縁方式	58

〔や行〕

遊間	46
溶接クロッシング	73, 174
溶銑輸送	204, 225
横取り装置	92

〔ら行〕

ラダー形まくらぎ	36
リニア新幹線	3, 94
柳条湖事件	24
レールボンド	66
レールリニア	33
連動装置	100
路面電車の線路	20
ロングレール	54

〔わ行〕

渡り線	59, 68, 92, 104
割り出し	72, 104

索　引（人名・鉄道・路線・施設・メーカー）

〔あ行〕

㈱安部日鋼工業	42
ESG 登山鉄道（オーストリア）	85, 86

伊予鉄道㈱　大手町駅	78
内田百閒	44
江ノ島電鉄　鎌倉駅	43

MOB 鉄道（C.F.Montreux-Oberland Bernois,
　スイス）……………………………………97
オリエンタル日石㈱……………………………42

〔か行〕

久留里線（JR 東日本）…………………口絵 4
京王電鉄㈱……………………………口絵 2, 80
京成電鉄㈱……………………………………15
京浜急行電鉄㈱…………………………124, 134
京福電気鉄道（現・えちぜん鉄道）…………107
交通博物館（現・鉄道博物館）………………108
興和コンクリート㈱…………………………42, 6 章
小湊鉄道………………………………表紙写真

〔さ行〕

山陽本線　東福山駅（JR 西日本）…………205
JR 貨物〔日本貨物鉄道㈱〕
　塩浜駅………………………………………9 章
　四日市臨港線……………………………口絵 5
㈱ジェービーシー……………………………42
JFE スチール㈱
　JFE ウエストテクノロジー㈱……………205
　鋼鈴機工㈱…………………………………223
　西日本製鉄所（福山地区）………7 章, 10 章
　東日本製鉄所（京浜地区, 扇島）………11 章
ジャカルタ市内線（インドネシア国鉄）
　………………………………………口絵 1, 9
新日本製鐵㈱
　釜石製鉄所…………………………………154
　八幡製鉄所…………………………154, 172
仙台市交通局…………………………………189
総武線（JR 東日本）……………………口絵 8

〔た行〕

大同キャスティング㈱………………………174
鶴見線（JR 東日本）…………………………220
東海道新幹線………………………………4, 28
東海道本線　稲沢駅（国鉄当時）……116, 118
東京急行電鉄㈱　世田谷線…………………124
東京都交通局　柳島車庫………………………69
東京メトロ〔東京地下鉄㈱〕（旧・帝都高速度
　交通営団）
　　打子式 ATS………………………………136

導電レール……………………………………166
東武鉄道㈱　野田線…………………………107
富山ライトレール………………………21, 22

〔な行〕

長崎電気軌道…………………………………189
名古屋市交通局　藤ヶ丘工場………………134
名古屋鉄道㈱　瀬戸線………………………90
新潟トランシス㈱……………………………21

〔は行〕

箱根登山鉄道
　鋼索線………………………………………91
　入生田駅…………………………………口絵 3
BART（Bay Area Rapid Trasit, アメリカ）…219
阪急電鉄㈱
　京都線………………………………………4
　西宮北口駅…………………………………78
パンドロール社（イギリス）…………………12
フィリピン国鉄………………………………5
プラッサー社（Plasser & Theurer, オースト
　リア）………………………………………16
フランス国鉄
　モンパルナス駅……………………………25
　リール駅……………………………79, 107
フレシネ（E. Freyssinet, フランス）………27
堀内敬三………………………………………44

〔ま行〕

マチサ社（MATISA, Materiel Indutrial SA,
　スイス）……………………………………17
三菱重工業㈱……………………………223, 232
モニエ（J. Monier, フランス）………………26

〔や行〕

大和軌道製造㈱……………………………8 章
横浜市交通局　グリーンライン………………33

〔ら行〕

ロンドン＆バーミンガム鉄道（イギリス）…84

著者紹介

石本　祐吉（いしもと　ゆうきち）

　1938年　東京に生まれる
　1960年　東京大学工学部機械工学科卒業
　　〃　　川崎製鉄㈱入社
　　　　　千葉製鉄所，東京本社技術本部，エンジニアリング事業部に勤務
　1995年　石本技術事務所開設
　1980年より年2回のサロンコンサート「春秋会」を主宰
　　　　　「赤門鉄道クラブ」「産業考古学会」「鉄道史学会」各会員

　　著　書
　『紳士の鉄道学』（共著），青蛙房（1997年）
　『鉄のほそ道』アグネ技術センター（1996年，増補版1998年）
　『オーケストラの楽器たち』アグネ技術センター（2000年）
　『パーツ別電車観察学』アグネ技術センター（2004年）
　『鉄道車両のパーツ　製造現場をたずねる』アグネ技術センター（2004年）

写真と図解で楽しむ　**線路観察学**

　　　　　　　　　　　　　　　2008年10月31日　初版第1刷発行
　　　　　　　　　　　　　　　2009年 7月 1日　初版第2刷発行

著　　　者　　石本　祐吉ⓒ

発　行　者　　青木　豊松

発　行　所　　株式会社　アグネ技術センター
　　　　　　　〒107-0062　東京都港区南青山5-1-25　北村ビル
　　　　　　　TEL　03（3409）5329　　FAX　03（3409）8237

印刷・製本　　株式会社　平河工業社

Printed in Japan, 2008, 2009

落丁本・乱丁本はお取り替えいたします。
定価の表示は表紙カバーにしてあります。

ISBN978-4-901496-45-2 C0065

鉄道車両のパーツ

パーツ別電車観察学

著 者　石本 祐吉
A5判・並製・192頁＋カラー口絵　定価 2,100 円（本体 2,000 円＋税）

「パンタグラフってどれくらい伸びるの？」
「密着連結器の中ってどうなってるの？」

車両パーツのそんな疑問に対して，技術的な意味合い，設計思想，内部の仕組みを，著者のユニークな観点と色々な資料，実際に車両基地を訪ねることで解明．
豊富な写真や図を使ってまとめた1冊．写真点数240余点．

―もくじ―
1章　パンタグラフ物語
　1　パンタグラフの発達
　2　パンタグラフの構造
　3　大きさと位置，数
　4　パンタグラフのメンテナンス
2章　連結器物語
　1　連結器の役割
　2　手動連結器
　3　自動連結器
　4　密着連結器
　5　その他の話題
3章　台車物語
　1　台車の役割
　2　台車のいろいろ
　3　台車のばね系
　4　台車のブレーキ装置
　5　台車の駆動装置
　6　その他の話題
4章　構体物語
　1　構体とは
　2　構体の作られ方
　3　構体の表面処理
　4　構体のリサイクル
　5　床面の高さ
5章　椅子物語
　1　椅子と腰掛
　2　ラッシュと座席
　3　腰掛の袖仕切
　4　腰掛の人数割り
　5　暖房装置

鉄道車両のパーツ
製造現場をたずねる

著者　石本 祐吉
Ａ５判・並製・256頁＋カラー口絵　定価 2,310 円（本体 2,200 円＋税）

電気連結器，幌，輪軸，窓・窓枠，ドア，吊革，手すり，網棚，車内放送装置，列車無線，前照灯・尾灯，主制御器，ブレーキシステム　など……．
『パーツ別電車観察学』で掲載しきれなかった，鉄道車両の各パーツの製造現場を訪ね，種類や仕組み，その製作工程を考察する．

―もくじ―
1章　ジャンパ連結器
　　　──㈱ユタカ製作所
2章　電気連結器
　　　──㈱ユタカ製作所
3章　連結部の幌
4章　先頭部の幌
　　　──㈱成田製作所
5章　連結部の外幌
6章　輪軸―車輪と車軸
　　　──住友金属工業㈱関西製造所
7章　窓と窓枠
　　　──アルナ輸送機用品㈱
8章　車両のドア
　　　──アルナ輸送機用品㈱
9章　吊革，手すり，そして網棚
　　　──共進金属工業㈱
10章　車内放送装置
　　　──八幡電気産業㈱
11章　その他の通信装置
12章　前照灯，尾灯など
13章　その他の電気機器
　　　──森尾電機㈱
14章　その他の板金もの
　　　──伸栄精機
15章　主制御器
16章　ブレーキシステム
17章　ISO 9001 の認証取得